The Bizarre and Incredible World of Plants

【カラー版】植物の奇妙な生活

電子顕微鏡で探る驚異の生存戦略

The Bizarre and Incredible World of Plants
【カラー版】植物の奇妙な生活
電子顕微鏡で探る驚異の生存戦略

ヴォルフガング・シュトゥッピー／ロブ・ケスラー／マデリン・ハーレー●著

奥山雄大●監修　武井摩利●訳

創元社

【著者】ヴォルフガング・シュトゥッピー　*Wolfgang Stuppy*
種子形態学の専門家。ドイツ出身。カイザースラウテルン大学で学び、比較種子形態学・解剖学で博士号を取得。大規模な国際的保存活動であるミレニアム・シード・バンク・プロジェクト（MSBP）の中核をなすキュー王立植物園ミレニアム・シード・バンクに勤務。

【著者】ロブ・ケスラー　*Rob Kesseler*
視覚芸術家。ロンドン芸術大学セントラル・セント・マーチンズ・カレッジ・オブ・アート・アンド・デザインで、陶磁器美術・デザインの教授を務める。デザインと美術と応用美術をオーバーラップさせた分野で、科学者との協力による独自の作品を制作している。リンネ協会と英国王立芸術協会のフェロー。

【著者】マデリン・ハーレー　*Madeline Harley*
植物学者。2005年の退職までキュー王立植物園花粉学部門長（ジョドレル研究所）を務める。種ごとに固有な花粉の特徴の研究で国際的に知られる。リンネ協会会員。

【監修者】奥山雄大（おくやま　ゆうだい）
植物学者。国立科学博物館植物研究部多様性解析・保全グループ／筑波実験植物園研究員。専門は進化生態学、遺伝学。著書に『共進化の生態学』（文一総合出版・共著）、『日本の固有植物』（東海大学出版・共著）などがある。監修に『世界で一番美しい花粉図鑑』、『世界で一番美しい種子図鑑』『世界で一番美しい果実図鑑』（ともに創元社）。京都大学博士（人間・環境学）。

【訳者】武井摩利（たけい　まり）
翻訳家。東京大学教養学部教養学科卒業。訳書にM・D・コウ『マヤ文字解読』（創元社）、T・グレイ『世界で一番美しい元素図鑑』（同）、R・ケスラー、M・ハーレー『世界で一番美しい花粉図鑑』（同）、R・ケスラー、W・シュトゥッピー『世界で一番美しい種子図鑑』、『世界で一番美しい果実図鑑』（同）など。

This title was first publisher in 2009 under the title
The Bizarre and Incredible World of Plants
by Papadakis Publisher of Kimber Studio, Winterbourne, Berkshire, UK.
www.papadakis.net

2009©Wolfgang Stuppy, Rob Kesseler, Madeline Harley and Papadakis Publisher
Japanese translation rights arranged with
New Architecture Group Ltd. (Papadakis Publisher)
through Japan UNI Agency, Inc., Tokyo

カラー版　植物の奇妙な生活
電子顕微鏡で探る驚異の生存戦略
2014年7月10日第1版第1刷　発行

著　者　　ヴォルフガング・シュトゥッピー／ロブ・ケスラー／
　　　　　マデリン・ハーレー
監修者　　奥山雄大
訳　者　　武井摩利
発行者　　矢部敬一
発行所　　株式会社 創元社
　　　　　http://www.sogensha.co.jp/
　　　　　本社　〒541-0047 大阪市中央区淡路町4-3-6
　　　　　Tel.06-6231-9010　Fax.06-6233-3111
　　　　　東京支店　〒162-0825 東京都新宿区神楽坂4-3 煉瓦塔ビル
　　　　　Tel.03-3269-1051
装丁・組版　寺村隆史

© 2014, Printed in China ISBN978-4-422-43014-0 C0045

〔検印廃止〕
本書の全部または一部を無断で複写・複製することを禁じます。
落丁・乱丁のときはお取り替えいたします。

JCOPY　〈（社）出版者著作権管理機構 委託出版物〉
本書の無断複写は著作権法上での例外を除き禁じられています。
複写される場合は、そのつど事前に、（社）出版者著作権管理機構
（電話 03-3513-6969、FAX 03-3513-6979、e-mail: info@jcopy.or.jp）
の許諾を得てください。

目次 CONTENTS

はじめに 7

植物の摩訶不思議な生活 11

かけがえのない粉 15

花粉と胞子と種子の違い 21／隠れて交合するもの 23
種子にまさるものはない 25／肉眼では見えない小宇宙 27
発芽口 31／異性に出会うために 35／風と水による授粉 37
動物による授粉 39／蓼食う虫も好きずき 43／虫媒シンドローム 45
ハナバチに送粉してもらう花 45／チョウとガに送粉してもらう花 49
送粉するハエと甲虫 53／鳥媒シンドローム 55
コウモリ媒シンドローム 56／典型的なコウモリ媒花 57
変わった送粉者 59／動物による送粉の利点 59

果実と種子 61

さまざまな移動方法 65／風散布 67／埃のような種子 71
自然が生んだ傑作 73／間接的な風散布 77／水散布 78
漂流する散布体 78／シー・ビーン 81／世界一大きな種子 82
破裂戦略 83／動物を運び屋に 85／しがみつくヒッチハイカー 87
鉄菱と悪魔の爪――サディスティックな果実たち 93
ムチよりもアメ 95／小さな助っ人、小さな報酬 95／甘い誘惑 99
カラフルな付属物 109／植物界の詐欺師 110
植物たちの永遠の美 113

植物と芸術の出会う場所 115

付録 136

図版説明 136／用語解説 140／写真の著作権 141
参考文献 141／図版の索引 142／謝辞 143

はじめに
INTRODUCTION

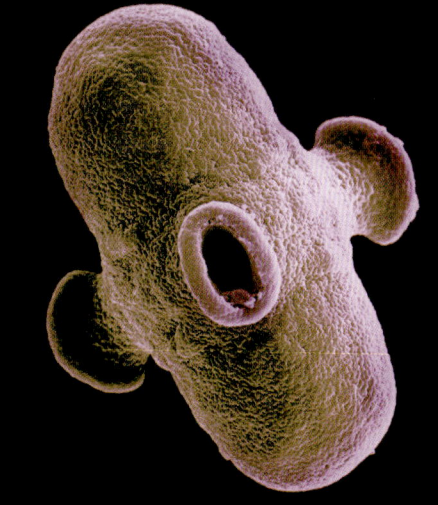

植物が初めて地球の陸地を征服したのは、想像もできないくらい遠い昔——6億年前——のことです。最初の征服者はいまのコケやシダに似た胞子植物でした。そこから花粉と種子を持つ植物へ進化するまでに2億4000万年かかりました。花粉と種子は、この惑星の生命の歴史のなかで最も重要な画期的変化のふたつに数えられます。以来こんにちまで、種子植物は3億6000万年にわたって進化を続けてきました。種子植物は自らの生き残りの道を確保するために、花、花粉、種子、果実などの驚くべき適応をいくつも生みだし、有性生殖の完成度を高めてきました。これまでに私たちは3冊の本（『世界で一番美しい花粉図鑑』『世界で一番美しい種子図鑑』『世界で一番美しい果実図鑑』）を著し、その中で植物の"私生活"をめぐる科学と博物学、そして知られざる美しさを探究してきました。3冊とも、視覚芸術家（ロブ・ケスラー）と科学者（マデリン・ハーレー、ヴォルフガング・シュトゥッピー）の専門知識・技術が見事にかみあって作り出された書物です。植物の生命活動の根幹をなす最も驚異的な部分は、光学顕微鏡や電子顕微鏡を使わなければ見ることができず、科学界の外にいる人々にはこれまであまり知られていませんでした。その知られざる部分を写した画像をちりばめたのが本書です。

美術と科学

　20世紀前半までは、植物の世界への生き生きとした情熱と鑑賞眼が人々の間で共有され、芸術家や工匠も含めた真摯な観察者がそれぞれの持ち場で自分の役割を演じていました。初期の植物科学者——いや、「科学者」というのは20世紀後半のいささか冷たい用語であり、人々の心の中で観察と思索という総合的な力とその観察結果を描写し記録することとの間に根拠のない溝を作ってしまう原因になったことを考えれば、むしろ「博学者（ポリマス）」と呼びたいのですが——の業績に対して、数多くの玄人はだしのアマチュアたちが貢献したり異議を唱えたりしました。

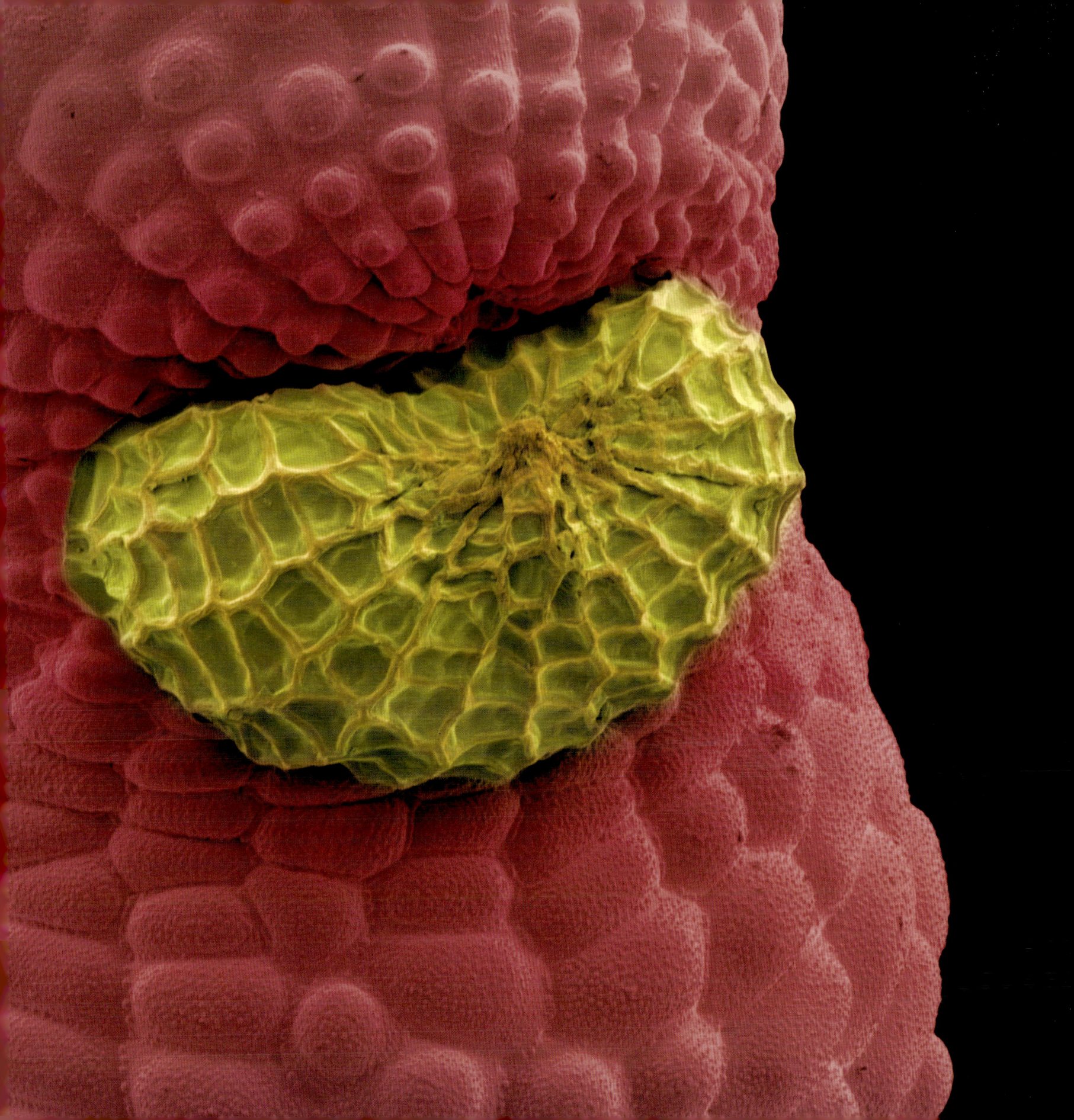

植物を顕微鏡で見たときに得られる科学的データはもっと幅広く活用できるのではないか？　未開拓の可能性に気付いた私たちは、キュー王立植物園が行っている重要な事業により多くの人が関心を持ってくれることを願い、美術と科学の間を分断し距離を広げつつあった裂け目の上に力を合わせて橋を架けることにしたのでした。

色が伝えるメッセージ

　色は、自然界で、科学の世界で、美術のなかで、さまざまに異なる機能を果たしています。植物は、花の受粉や種子の散布を成功させるために動物を引き寄せようと、多種多彩にして精妙な"色によるメッセージ"を発達させました。科学者は、植物学を研究する仲間同士での議論がスムーズになるように色を利用します。そして美術家であるロブ・ケスラーは、走査電子顕微鏡で撮影された花粉や種子の高倍率白黒画像に色をつけて美しさや人の心に訴える力を大きく増幅し、幅広い層の人々の関心を引きつけようとしました。彼の色選びは彼自身の考えに基づいており、多くの場合、もとの植物の色を生かすように、あるいは被写体の機能上の特徴をわかりやすくするように選択されています。科学と象徴性のあわいに佇む魅惑的な画像、自然界のまだ見ぬ奇跡との新たな出会いへと人をいざなう官能的な標識を作り出すために、直感的に色彩が使われているのです。

　"花の咲く植物"の有性生殖が生み出す美は、20世紀末の技術や手法を使うことではじめて細部まで明らかになりました。その美しさへの愛と情熱を共有する私たち3人は、それを表現し伝えたいという強い思いから本書を作りました。本書をきっかけにして、世界中で行われている植物科学の重要な研究や植物保存活動に関心を向ける読者の方が増えて下さることを願っています。キュー王立植物園やミレニアム・シード・バンク・プロジェクト（MSBP）はそうした研究・保存活動を代表する存在です。特にMSBPは世界最大の国際的植物多様性保存事業のひとつであり、本書の画像の多くはMSBPのコレクションを利用して撮影したものです。

ヴォルフガング・シュトゥッピー（キュー王立植物園 – ミレニアム・シード・バンク、ウェイクハースト・プレイス）
ロブ・ケスラー（ロンドン芸術大学セントラル・セント・マーチンズ・カレッジ・オブ・アート・アンド・デザイン、ロンドン）
マデリン・ハーレー（キュー王立植物園ジョドレル研究所微細形態学ユニット）

2009年6月

植物の摩訶不思議な生活
THE INCREDIBLE LIFE OF PLANTS

植物はほんとうに驚嘆すべき存在です。植物は動物と違って、太陽の光を利用して水と二酸化炭素だけを原料に糖を作り出す、《光合成》という驚きの能力を持っています。植物はこの力で自分が使う栄養分を作るだけでなく、直接的または間接的に、地球上のあらゆる生き物の食べ物も作っています。さらに、植物は光合成の副産物として大気中に酸素を放出します。植物がなければ私たちは呼吸も食事もできないのです。コメは地球人口の半数以上の主食です。他にも多くの穀物、豆類、野菜類が人間を養っています。基本的な食べ物に加えて、果実やナッツや香辛料のようなおいしい御馳走もありますし、生活に役立つ木材、繊維、油なども植物の恵みです。

　私たちの生活では、植物がさまざまな形で重要な役割を果たしています。けれども植物は動きもせず声も出さないので、ともすれば人間は、植物が自分たちと同じ生き物だということを忘れがちです。植物は人間とまったく違う外見や質感を持ち、大地に根を下ろして、人間の目では捉えられないくらいゆっくり動くという事実から、植物を動物や人間と並べて考えるのは馬鹿らしいと思われるかもしれませんが、それは大きな間違いです。植物は動物と同じように生きているだけでなく、数億年の進化の中で動物と同じように複雑な生命のかたちを、しばしば動物の進化と相互に応答しながら発達させました。植物と動物はずいぶん違っていますが、生きる目的は同じ——有性生殖をして種の継続性を確保できるよう生き延びること——です。ただし植物には、動物にはない奥の手があります。植物は、愛が報われなかったときに無性的に繁殖できることがよくあるのです。それでもやはり、有性生殖こそが決定的に重要です。その理由はこうです。動物の新しい生命は父親の精子と母親の卵子が出会った結果として始まり、その際に両親のそれぞれから1セットの《染色体》が提供されます。植物でも、雄性の精細胞と雌性の卵細胞が出会って、同じことが起こります。あらゆる生物に染色体があり、染色体には遺伝子が含まれていて、遺伝子が生命体の特徴すべてを決定します。両親の染色体が合わさり、遺伝的形質が混じりあうことで、親とは少し違う（もしかしたらより良い）形質の組み合わせを持った子供が生まれます。さらに、自然選択による進化の基礎になったのも有性生殖です。多くの植物は、イチゴのランナー（匍匐茎）のような形で栄養繁殖ができますが、それ

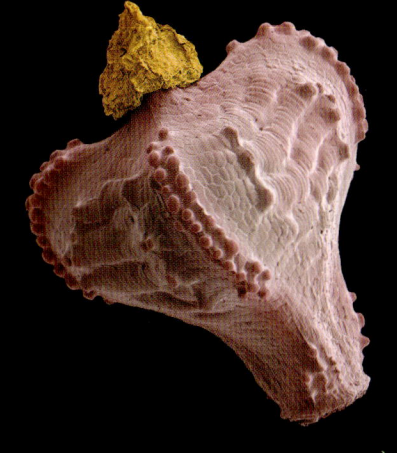

だと母植物と遺伝的にまったく同じクローンしか生み出されません。ですから、ほとんどの植物は有性生殖で次の世代を作ります。植物の性的活動は実は私たちにとっておなじみであるにもかかわらず、「植物に性生活がある」と聞いて驚く人はまだたくさんいます。じつは、人は植物の最もプライベートな営みのいくつかを、そこで何が起こっているかを知らぬままに見て楽しんでいます。花は人の目を楽しませ、ときには香りで鼻を魅了し、花の後に実る果実は舌を喜ばせてくれます。しかし学術的に見れば、花と呼ばれるのは中心にあるオスとメスの生殖器──《雄しべ》と《雌しべ》──のまわりに昆虫を誘引するための花びら（きれいな色をした花びらもよくあります）が配されたディスプレーです。性的結合が起こったあとは花はしぼみ、めしべの根元にある《子房(しぼう)》が発達して果実ができます。果実は雌性器が肥大したもので、植物の小さな《胚》が《種皮》にくるまれて収まっています。種子が成熟して親植物から離れたのち、種皮の内部の胚が発芽し、庇護する種皮を脱ぎ捨てて苗へと発達します。苗はさらに成長し、両親から受け継いだ完全な染色体を持つ新しい個体になります。

　花という生殖器や、性的結合のあとに発達する果実と種子は、とても大きな責務を負っています。なにしろ開花、授粉、結実は植物の生涯で最大のイベントであり、種の存続のために必要不可欠なのですから。花粉が運ぶ精細胞が子房と結合を果たしたとき、はじめて果実が発達して次の世代である種子を蒔くことができます。そう、植物が確実に子孫を残すために信じられないほど多種多様な戦略を編み出したのは、当然と言ってもいいくらいなのです。

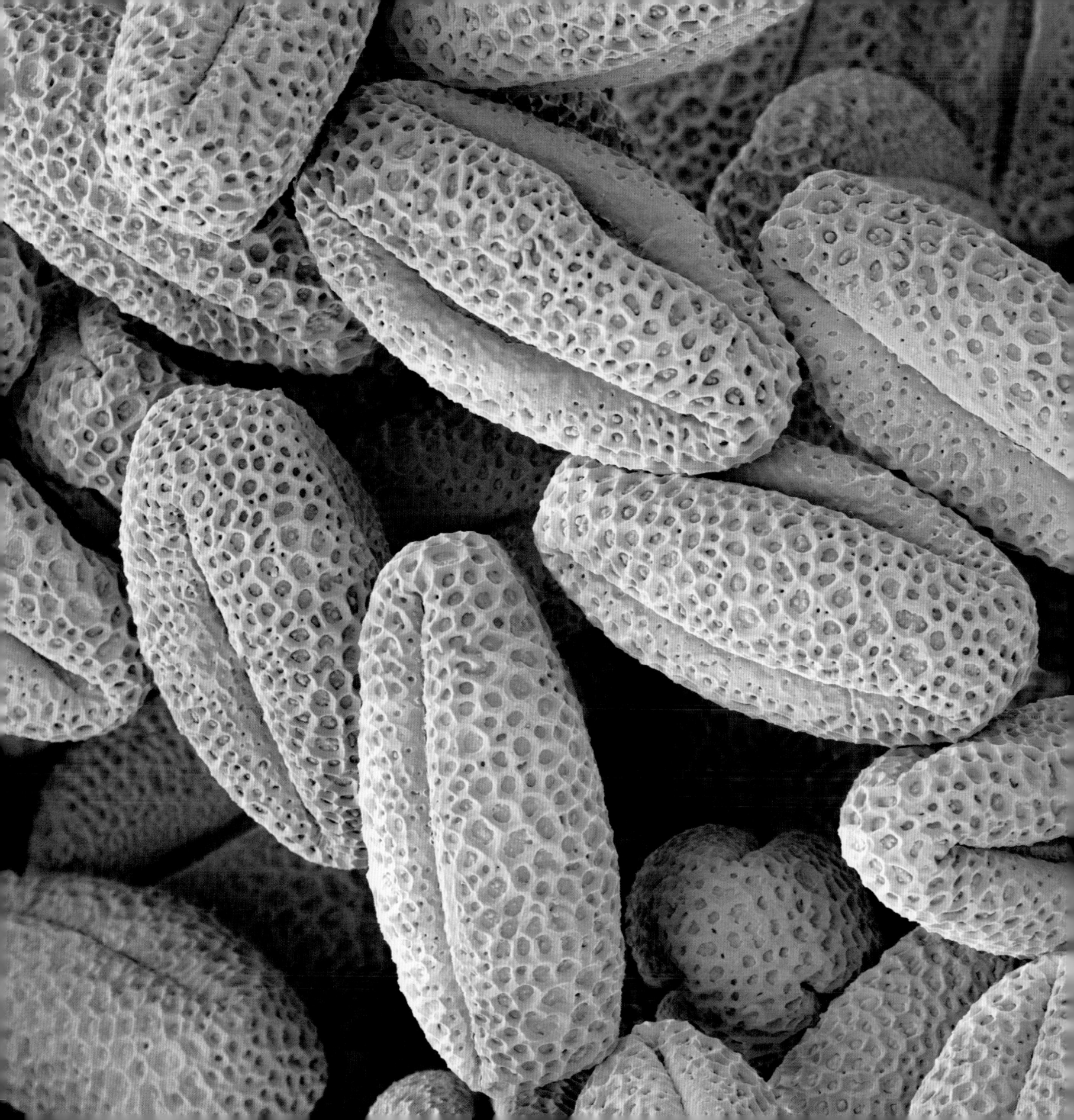

植物の有性生殖は基本的に動物（人間も含む）の有性生殖と同じです。植物の場合も、有性生殖では精細胞が卵細胞を受精させて次の世代を生み出さなければなりません。そのために授精相手の卵細胞を捜し出すという能動的な役割を担うのは、つねに精細胞の方です。けれどもほとんどの動物とは違って植物は動けませんから、同じ種の異性の植物を見つけて歩いていくわけにはいきません。そこで植物は、精細胞を卵細胞に到達させるという目的を成し遂げるために非常に巧妙な戦略を発達させました。その戦略にはしばしば動物──特に昆虫──が関わっています。いったいどんなふうに？　その答えが見つかる場所が花です。花は性のいとなみの舞台となる熱いベッドであり、そこにはオスとメスの生殖器官が収められています。

　一般に、花は高度に特殊化した部分からなる４重〜５重の輪生体です。一番外側の輪は《萼（がく）》と呼ばれるカップ形の構造で、通常は《萼片（がくへん）》という小さな緑色の葉で構成されています。萼の内側にあるのは《花冠（かかん）》で、これはたいてい萼よりも大きく、３〜５枚の《花弁（かべん）》つまり花びらで構成され、しばしば美しい色をしています。花弁の間あるいは花弁に対面するようにして、一重または二重の輪をなす雄しべが出ています。雄しべは植物の雄器官です。雄しべに囲まれて花の中心にあるのが植物の雌器官である《雌蕊（しずい）》で、科学的厳密性を脇へ置いてありていに言えば、雌しべです。

　雌蕊は、１枚あるいは複数枚の《心皮》からなっています。おおまかにいうと、心皮とは、繁殖力のある葉が変形して中央維管束（中肋（ちゅうろく））に沿って折りたたまれ、端同士が融合して袋状になった中に未発達の種子（《胚珠（はいしゅ）》）が収められているものです。キンポウゲ科キンポウゲ属の植物のように個々の心皮が別々のこともあれば、ミカン科オレンジ（*Citrus × sinensis*）のように心皮が融合してひとつになっていることもあります。オレンジでは皮をむいた中にある袋１個がひとつの心皮です。

　雄しべは、細長い《花糸（かし）》とその先端の《葯（やく）》で構成されています。１つの葯にはふつう４つの花粉嚢（《葯室（やくしつ）》）があります。ここが雄しべの生殖部分で、埃のように微小な《花粉》の粒が何千何万と作られる場所です。それぞれの花粉粒は、小さいけれどこのうえなく貴重な積み荷、すなわち２個の雄性の精細胞を運んでいます。花粉が精

細胞を目的地に届けるためには、どうにかしてメスの器官に到達する必要があります。同じ花のメスの器官でもいいのですが、望ましいのは同じ種の別の個体です。さて、雌蕊（雌しべ）のほうは、基部にある肥大した繁殖部分である子房と、子房の先端にあって花粉を受け取る特殊な部分である《柱頭》に分けられます。子房から《花柱》という柱のようなものが伸び、その上に柱頭が乗っていることもあります。柱頭の濡れた表面に着地した花粉は水分を吸って数分で発芽し、管状の《花粉管》を伸ばします。花粉管は柱頭の内部に侵入し、花柱の中を下へ伸びて、子房に到達します。子房は花の子宮にあたり、胚珠──小さな未成熟の種子──を含んでいます。子房の中の胚珠の数は１個から多数までいろいろで、１個の胚珠には１個の卵細胞が収まってます。卵細胞を受精させるには、花粉管が《卵門》と呼ばれる小さな開口部から胚珠の中に入り込まなければいけません。ついに胚珠の中に入ると、花粉管の先端が裂け開いて２個の精細胞が放出されます。片方の精細胞は卵細胞に授精しますが、もう１個は胚珠の《極核》と融合して《一次胚乳核》を形成し、そこから種子の栄養貯蔵庫である《胚乳》が発達します。動物や人間では精子が自分で動きますが、植物の精細胞は花粉管で直接卵細胞に届けてもらう必要があります。受精した卵細胞は植物の赤ちゃんにあたる《胚》へと発達し、胚珠は種子になります。

　これが、種子をつける植物──《被子植物》と《裸子植物》──の性生活です。けれども、コケ類やシダ植物は種子ではなく胞子で繁殖しますので、そうした植物の生命のサイクルにはいくつか種子植物と大きく違う点があります。

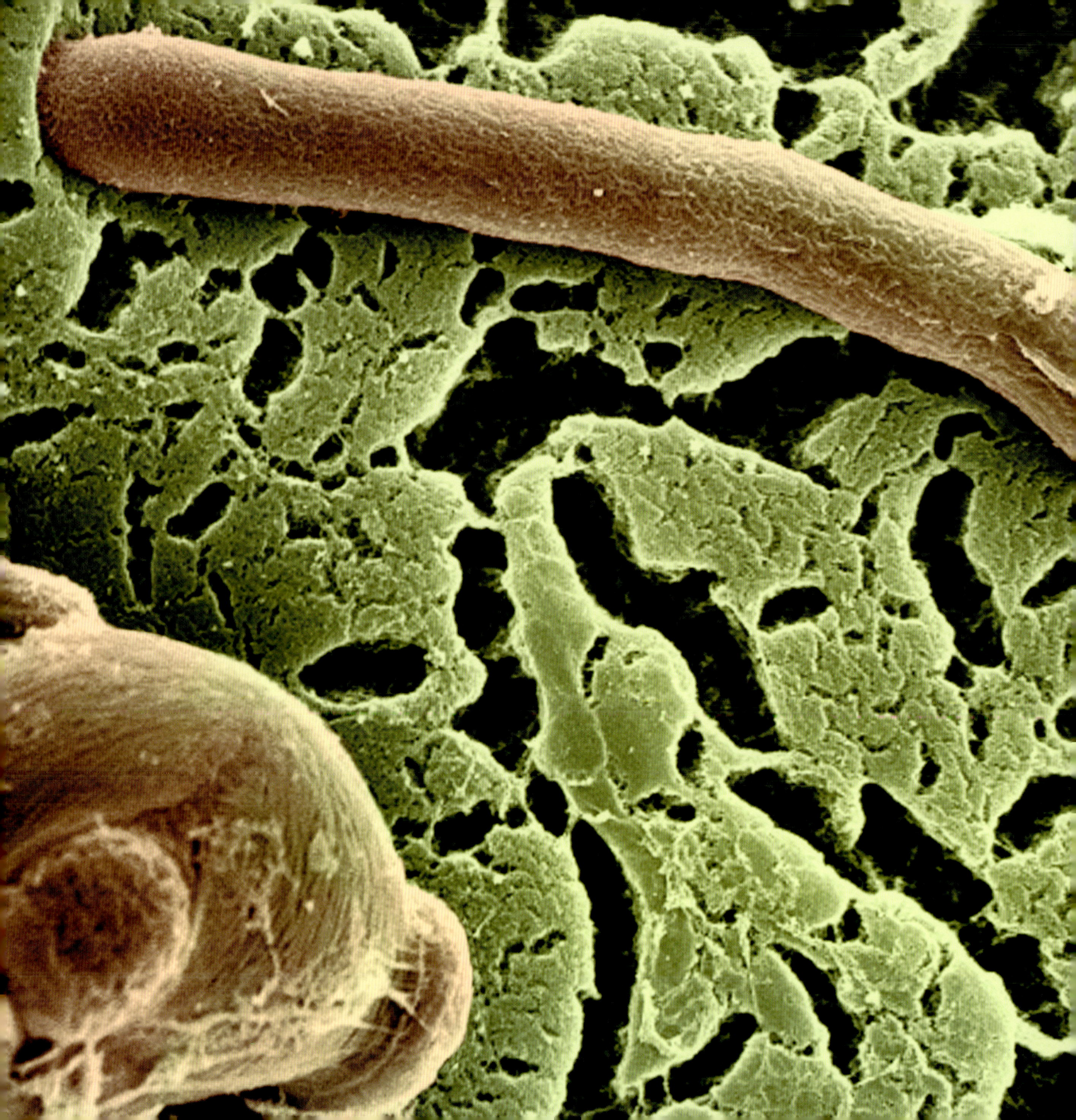

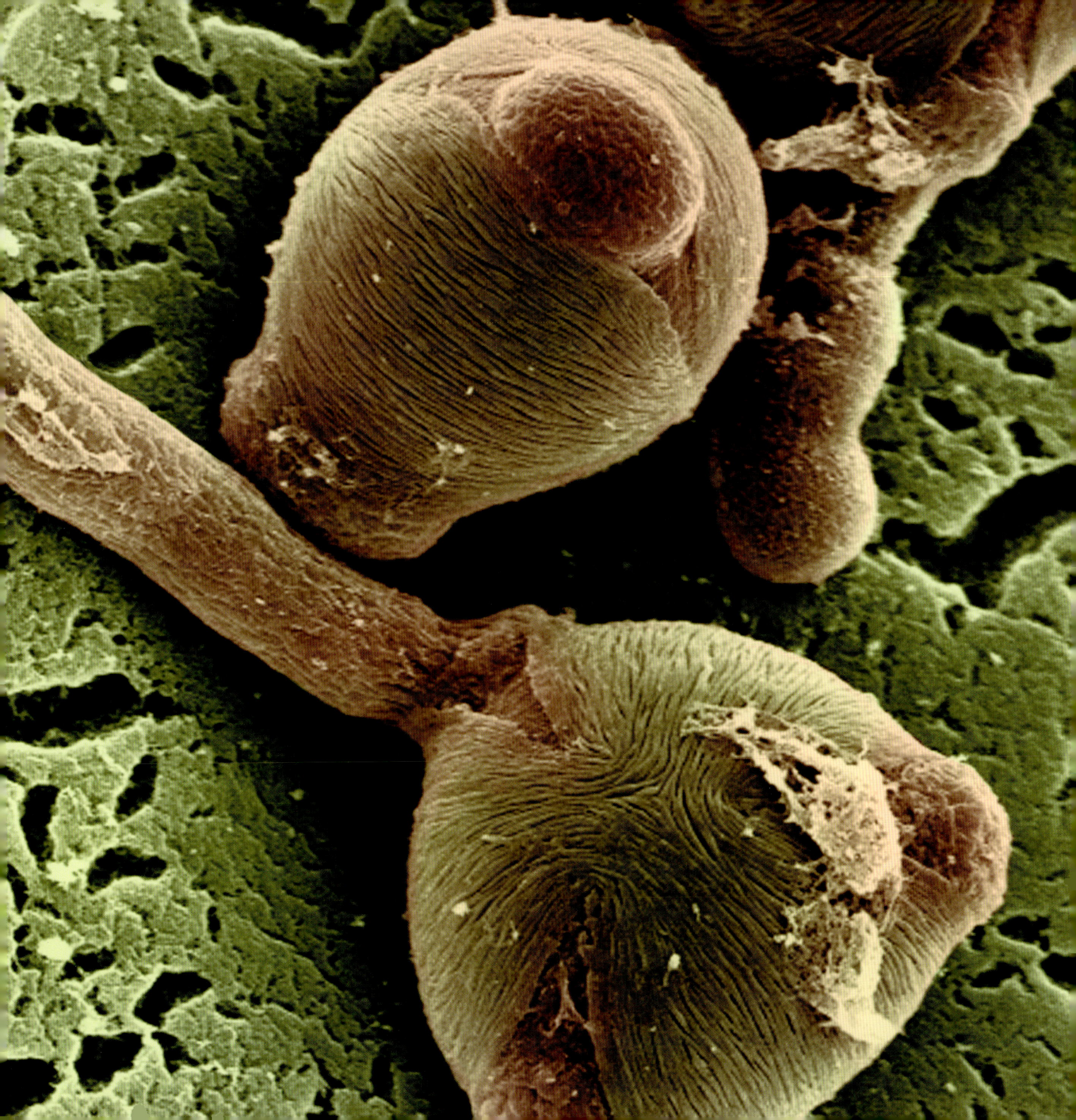

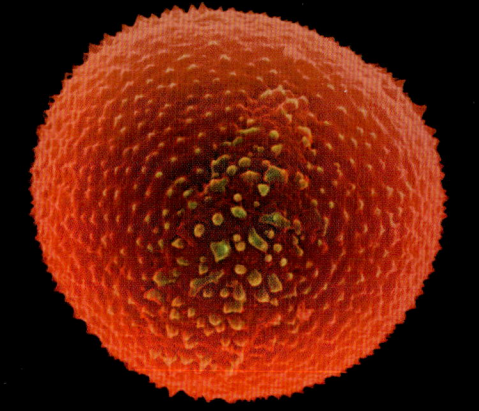
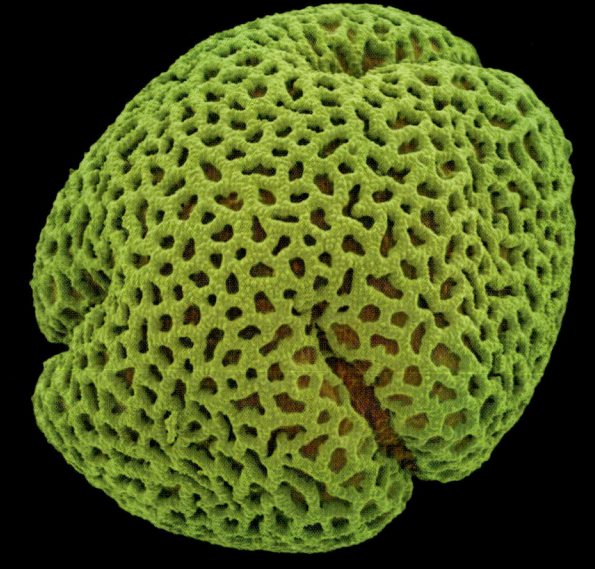

花粉と胞子と種子の違い

　胞子と花粉はどちらも植物が作るものであり、ともに見た目は埃のような粉なので、胞子と花粉はよく同類のように思われています。けれども、このふたつには根本的な違いがあります。植物独自の特徴として、複相世代（両親からもらった2セットの染色体を持つ）と単相世代（複相の半分の染色体を持つ）の《世代交代》があります。世代交代は緑藻類からコケ類、シダ類、球果植物とその仲間（裸子植物）から花の咲く植物までに共通して見られますが、動物界にはそれに相当するものがありません。原則として植物はすべて同一のライフサイクルを持っていますが、種子をつける《種子植物》（被子植物と裸子植物）と胞子をつける《隠花植物》の間には大きな相違があります。ちなみに隠花植物をあらわすcryptogamという単語は「隠れて交合するもの」という意味です。科学者のユーモアが感じられますね。

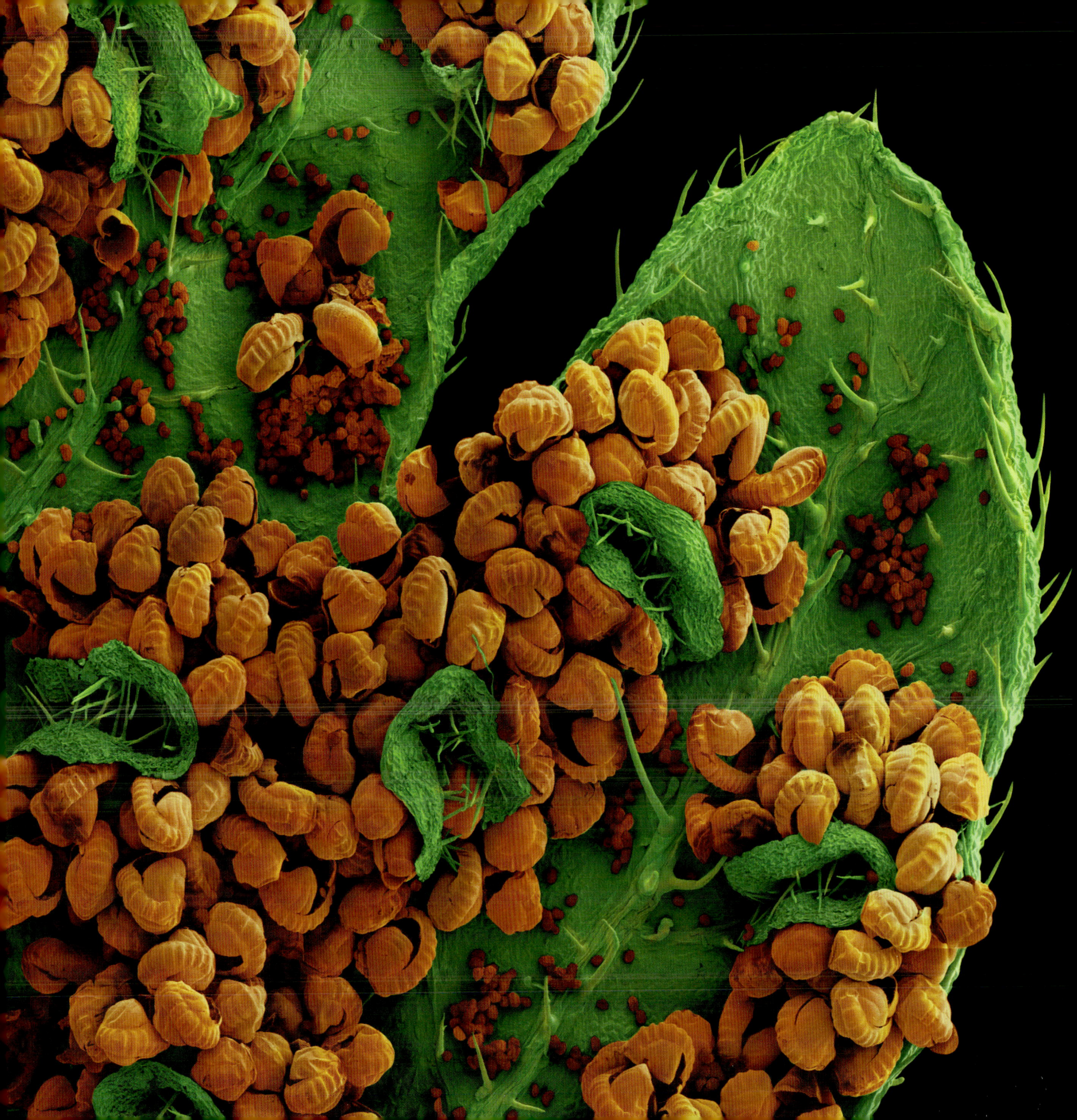

隠れて交合するもの

　被子植物や裸子植物とは異なり、隠花植物には《配偶体》という独立した単相世代があり、配偶体世代はしばしば光合成をします（緑色をしています）。よく知られた例をあげましょう。セイヨウオシダ（*Dryopteris filix-mas*）などの成熟した葉っぱの裏を見て下さい。分岐した小葉《羽片》のそれぞれに、腎臓に似た形の小さな物体が並んでいます。このひとつひとつが、《ソーラス（胞子嚢群）》です。ソーラスに保護された内側に胞子嚢があり、その中に胞子が入っています。胞子嚢は成熟すると破裂して、胞子を放出します。胞子は花粉と同様に単相世代です。水分のある地面に落ちた胞子は、発芽して小さな単相の配偶体へと成長します。この配偶体は私たちが思い浮かべるシダ植物とはまったく似ておらず、むしろある種のコケに似ています。配偶体が成熟すると、葉のような部分の裏側に、運動精子を放出する雄器官である《造精器》と卵細胞を収めた雌器官である《造卵器》ができます〔監修者注：通常、ひとつの配偶体には造精器か造卵器のどちらか一方だけができます〕。雨、露、川や滝のしぶきなどの水分があれば、配偶体の造精器から放出された精子は別の配偶体の造卵器の中で待っている卵細胞まで泳いでいきます。精子と卵細胞はそれを作った配偶体と同様に単相で、1セットしか染色体を持っていません。

　受精後の卵細胞には染色体が2セットあり（複相になったのです）、《接合子》と呼ばれます。接合子は、私たちが見てすぐシダだとわかるような美しい植物へと発達します。この複相のシダの葉の裏に胞子嚢が作られ、その中で新しい単相世代の胞子が作られます。そのため、この世代は《胞子体》と呼ばれます。胞子体をあらわすsporophyteという言葉は、文字どおりには「胞子を作る植物」という意味です。

　隠花植物の最大のハンデは、運動精子が授精のため卵細胞に泳いでいくには水の存在が不可欠だという点です。これは陸上で繁殖するには非常に不利です。いまだに胞子を作る陸生植物（コケ類、ヒカゲノカズラ類、トクサ類、シダ類など）はこの問題を自力では解決できておらず、環境に助けてもらっています。隠花植物がたいていじめじめした場所に生えているのはそのせいですし、エビガラシダ属などの耐乾性シダや北米の砂漠地帯などの半乾燥環境に生えるヒカゲノカズラの一種テマリカタヒバ（*Selaginella lepidophylla*）のような隠花植物は、乾燥気候でも湿潤期がある地域に生育しています。

24

種子にまさるものはない

　花粉と胞子は見たところそっくりです。実際、花粉粒は、地面で発芽して独立した配偶体に成長する能力を失った雄性の胞子なのです。花粉が花粉管（種子植物における、退化した雄性配偶体）を出すためには、適切な環境の柱頭（裸子植物の場合は《花粉室》）が必要です。花粉と胞子は外見こそ似ていますが、胞子のライフサイクルには種子に相当するものがありません。単相世代を作り出す胞子とは違って、種子は発芽すると複相世代（胞子体）を生み出します。

　裸子植物と被子植物だけに見られる花粉、胚珠、種子の登場は、陸生植物の進化史のなかで極めて重要な一歩でした。それによって水がなくても有性生殖ができるようになり、種子をつける植物は胞子を作る植物に対して圧倒的に優位に立ったのです。種子植物では、受精した卵細胞が安全な胚珠の中で守られながら新しい胞子体（胚）に発達します。接合子がすぐさま胞子体に成長しなければならない隠花植物とは異なり、種子植物の胚はある程度のサイズまでしか育たず、多くの場合その後は種子（成熟した胚珠）の中で発芽に適した条件が揃うまでじっと待っています。一時的に不活性になった胚は母植物からもらった貯蔵食糧（内胚乳）を備え、種皮によって乾燥や損傷から保護されています。種子の進化は維管束植物にとって非常に重要で、爬虫類の「殻のある卵」と同じような意味を持っています。種子によって植物がじめじめした生育環境から脱出できたのと同じように、卵のおかげで爬虫類は完全に陸上だけで生活できる最初の脊椎動物になりました。その意味でいうと、コケ類やヒカゲノカズラ類やシダ類やその他シダの仲間の植物は、地上で暮らせるけれど繁殖には水が必要な両生類に似ています。

　本書では種子がどれほど特別ですばらしいかをご紹介しますが、その前に、種子と同じくらい驚異に満ちた花粉を詳しく見ていくことにしましょう。

肉眼では見えない小宇宙

　私たちの多くが花粉を意識するのは、主に服についたときか、あるいはもっと厄介なことに、アレルギー（花粉症）を引き起こすときでしょう。けれども、この嫌な面をひとまず脇において花粉を詳しくに調べると、花粉は自然界の建築学と構造工学の完璧な傑作であることがわかります。花粉粒の平均的な大きさは20〜80ミクロン（1ミクロンは1000分の1mm）で、大部分は肉眼では見えないほど微小です。ところが、小さくても息をのむほど美しい花粉がたくさんあります。顕微鏡で花粉粒を見るとき、私たちは壮麗な小宇宙に迷い込みます。「小さいことは美しい」と言いますが、花粉では装飾よりも実用の方がはるかに重要です。精細胞を収めている花粉粒の頑丈な外殻は、植物の種ごとに外見が驚くほど異なっています。たいていの場合その違いはきわめて複雑で、信じがたいほど高度な凝り方をしていることも多く、"花粉タイプ"として分類されています。花粉タイプは数千種類ほどあります。ふつう、1つの植物種は1タイプの花粉を作ります。とはいえ植物の種の総数に比べて花粉タイプの数はずっと少ないので、ある種が別の種（特に近縁種）と非常によく似たタイプの花粉を持つことはよくあります。また、多くの科の植物に共通して見られる花粉タイプもあり、その場合は、たとえ専門家でも花粉だけを見て何の植物か言い当てるのは困難です。さらに、イネ科植物のように、その科のすべての種の花粉が非常によく似ているのでどの種かは判別できないものの、イネ科の花粉であることははっきりとわかるというタイプもあります。

　大部分の植物では、花粉粒は成熟した花の葯から個々バラバラに放出されます。けれども、およそ50ほどの科に、成熟した花粉粒を4個一組（四集粒）でばらまく種が（少なくとも各科に何種かは）混じっています。ツツジ科の多くや、フクシア、ヤナギラン（*Epilobium angustiofolium*）などアカバナ科の植物がその代表です。また、もっと多くの花粉粒がひとかたまりになった多集粒を放出する植物もあり、その場合、花粉粒の数はふつう4の倍数です。たとえば、マメ科ネムノキ亜科のアカシアやオジギソウの花粉は多集粒として知られています。さらに別の「花粉散布の単位」として花粉塊があります。花粉塊は花粉粒が互いにくっつきあってぎっしり詰まった塊で、ラン科とガガイモ科（現在はキョウチクトウ科の亜科）という非常に大きな科で見られます。

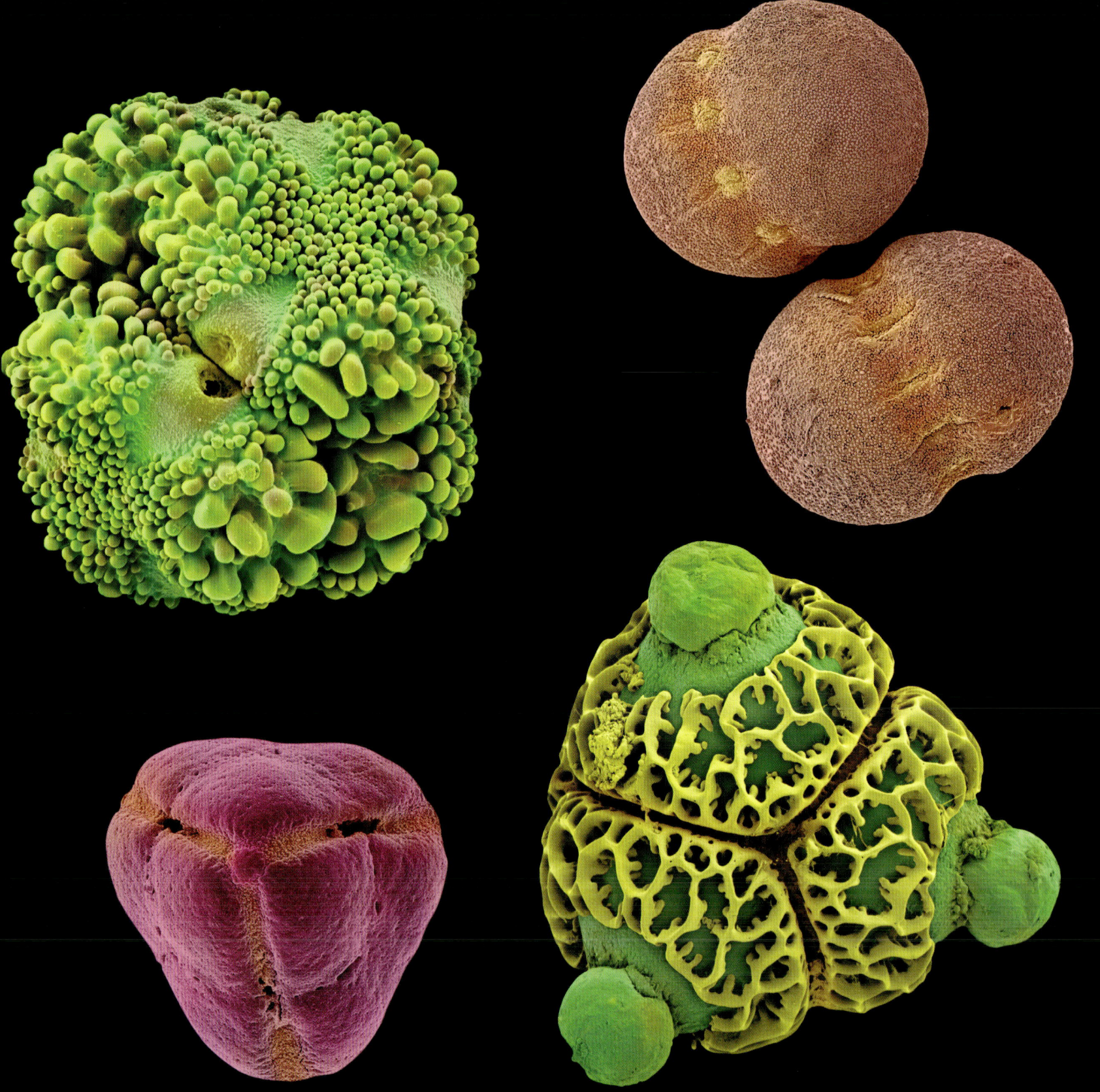

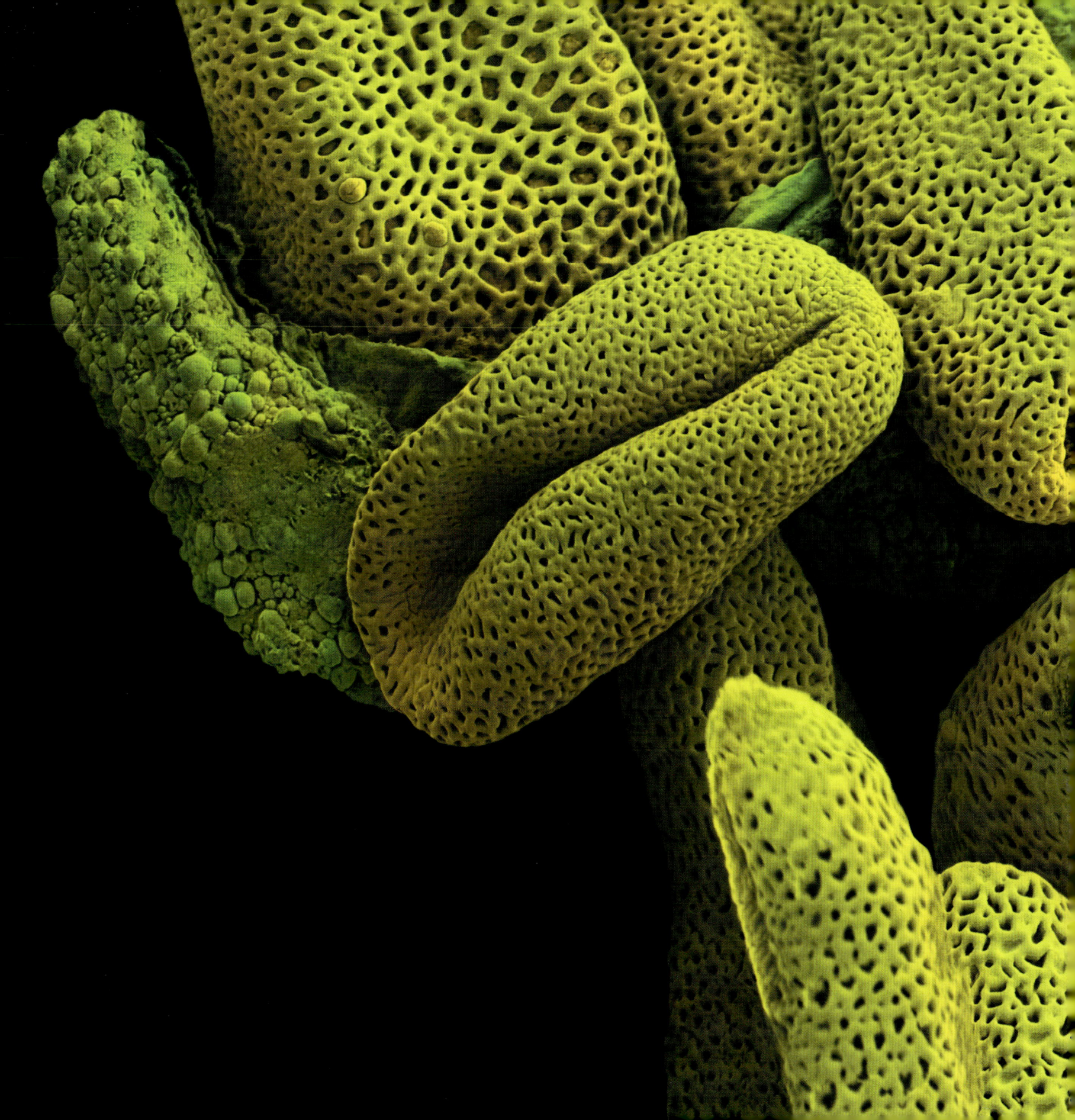

発芽口

　ほとんどの花粉に、重要な機能上の特徴として存在するのが発芽口です。発芽口は花粉壁の特殊な開口部で、発芽した花粉管はそこから外へ出て、精細胞を胚珠まで運んでいきます。ひとつの花粉にある発芽口の数は植物種によって違い、1個から多数までいろいろです。これまでに発見されたなかで最古の花粉化石（およそ1億2000万年前）には、細長い溝のような発芽口が1個だけあります。今でも、モクレン科やヤシ科の植物の花粉は同じ特徴を持っています。どちらも非常に早い時期に進化した被子植物の科です。古い時代の花粉化石には、単純な細長い発芽溝が放射状に3本ある花粉粒も見られます。現在も、キンポウゲ科のクリスマスローズ（*Helleborus niger*）やマンサク科マンサク属、ムクロジ科カエデ属など多くの植物の花粉で発芽口がこのタイプの配置になっています。

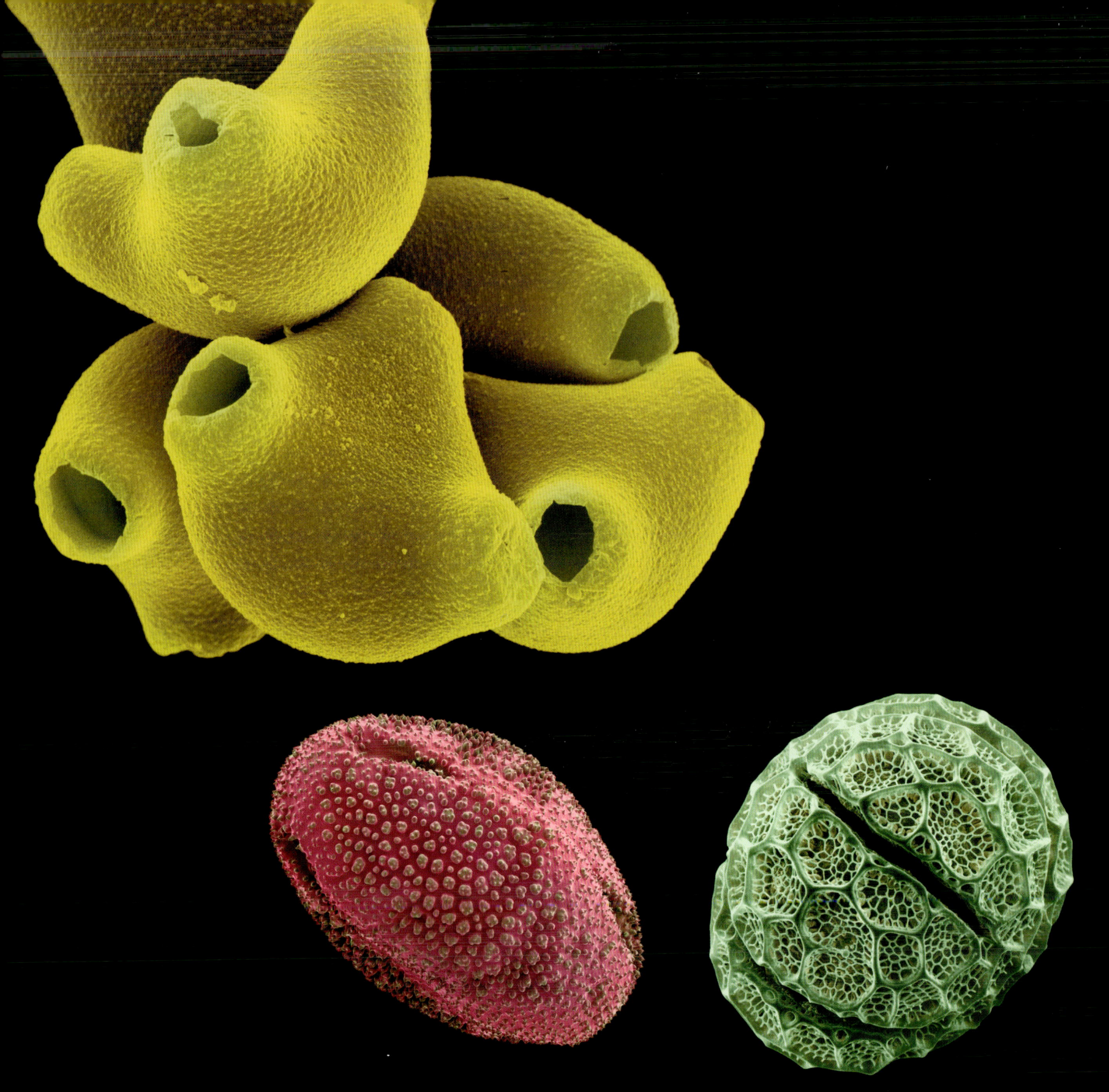

かけがえのない粉　33

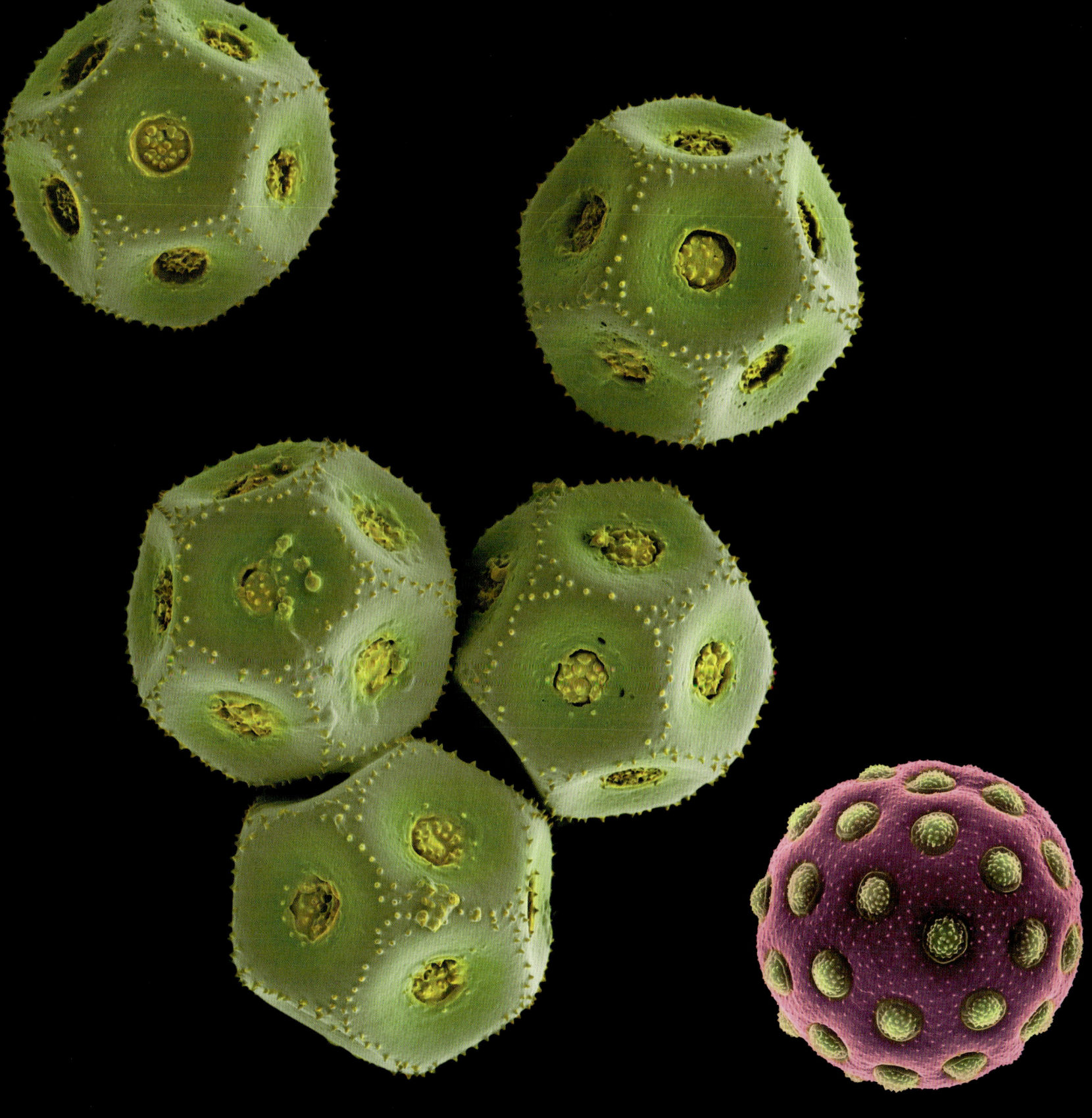

異性に出会うために

　花粉ほど精妙で優れたものにも、ひとつ大きなハンデがあります。自分では動けないのです。それなのに、近親交配を避けるには同じ種の別の個体を見つけ、受け手（メス）の柱頭表面まで精細胞を届けなければいけません。この問題を解決するために、植物は花粉を運ぶさまざまな戦略を発達させました。風や水を利用する送粉もあれば、生物を使う方法もあります。花粉を運ぶ生き物は主に昆虫ですが、鳥や、さらにはコウモリなどの小型哺乳類も利用されます。植物にとって、単純に空中に花粉をばらまいて同種の花の柱頭まで風に運んでもらうという方法は、行き当たりばったりなだけでなくエネルギー資源の浪費でもあります。十分な数の花粉が目的地に到達できるようにするには、莫大な量の花粉を作って飛ばさなければなりません。マツ、ハシバミ、ハンノキ、カバノキ、イネ科植物などの開花期には、しばしば風に舞う花粉が黄色い埃のように見えます。花粉症の人にとってはたまったものではありません。花粉の数がどれくらい多いかの一例を挙げるなら、イネ科のトウモロコシ（*Zea mays*）1株が作る花粉粒はおよそ1800万個です。

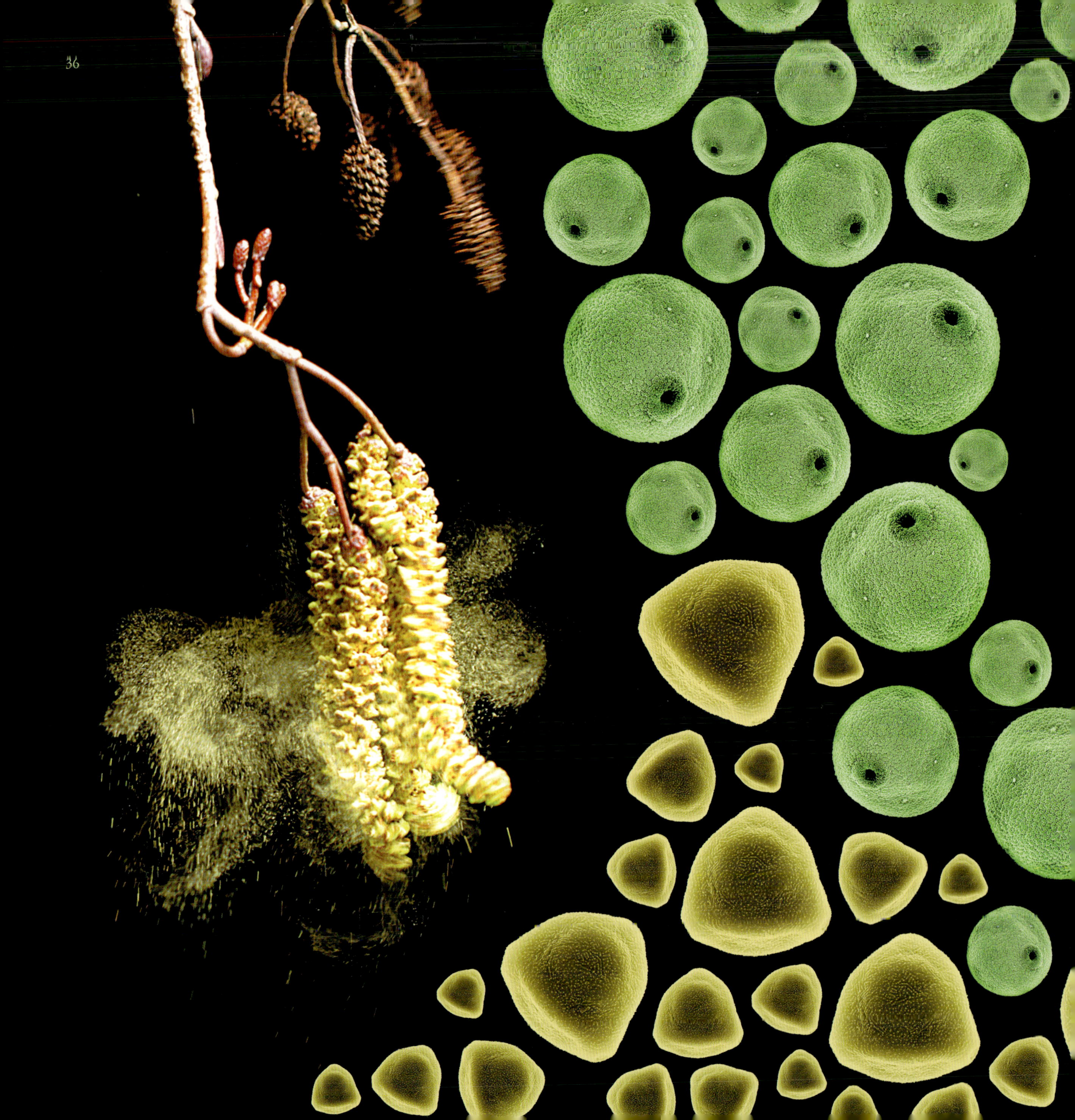

風と水による授粉

　風の媒介で授粉を行う風媒植物がよく見られるのは、送粉してくれる生物が少なく、そのかわりしょっちゅう風が吹く場所です。大量の花粉を作るという大きな投資をしても、同じ種が多数集まって生えている環境であれば、風媒はとてもコスト効率が良い方法です。北極圏の針葉樹林やアフリカの草原はその良い例ですし、温帯広葉樹林の一部にも風媒植物が多い場所があります。ハンノキ、カバノキ、ブナ、ハシバミ、カシワ、クルミなどの落葉樹、そしてあらゆるイネ科植物は、風媒の被子植物です。風媒植物の花は一般的に小さく（大きな花弁は、飛んできた花粉には逆に邪魔になります）、匂いがなく、地味で（カラフルな色など無用の長物）、単性（雌雄の花が別）です。雄花はふつう房のような花序（たくさんの花が集まった配列）をなし、微小で乾燥して表面がなめらかな花粉を大量に空中に放出します。雌花は単独のことも集団になっていることもありますが、ほぼ例外なく大きくて羽根のような柱頭を備えています。空中の花粉を捉えるためです。

　水による送粉は、生物以外の媒介で送粉する植物のうちわずか2パーセントにしか見られませんが、サトイモ科アオウキクサ属など淡水の水生植物や多くの海草でよく発達しています。海草は海水中で生きていけるよう独自の適応を遂げた"花の咲く植物"で、互いに近縁の4つの水生植物の科（シオニラ科、トチカガミ科、ポシドニア科、アマモ科）に属しています。その多くは、水による送粉に高度に適応した、糸状の変わった花粉を作ります。オーストラリアに分布するシオニラ科アンフィボリス・アンタルクティカ（*Amphibolis antarctica*）の花粉は長さが最大5mmもあり、比重が海水と同じくらいなので、葯から出ると海中を漂います。海草の花粉は大量に放出され、潮の流れのままに海草の生えている一帯をさまよって、首尾よく雌花の突出した柱頭に出会えたものはそこに巻き付きます。

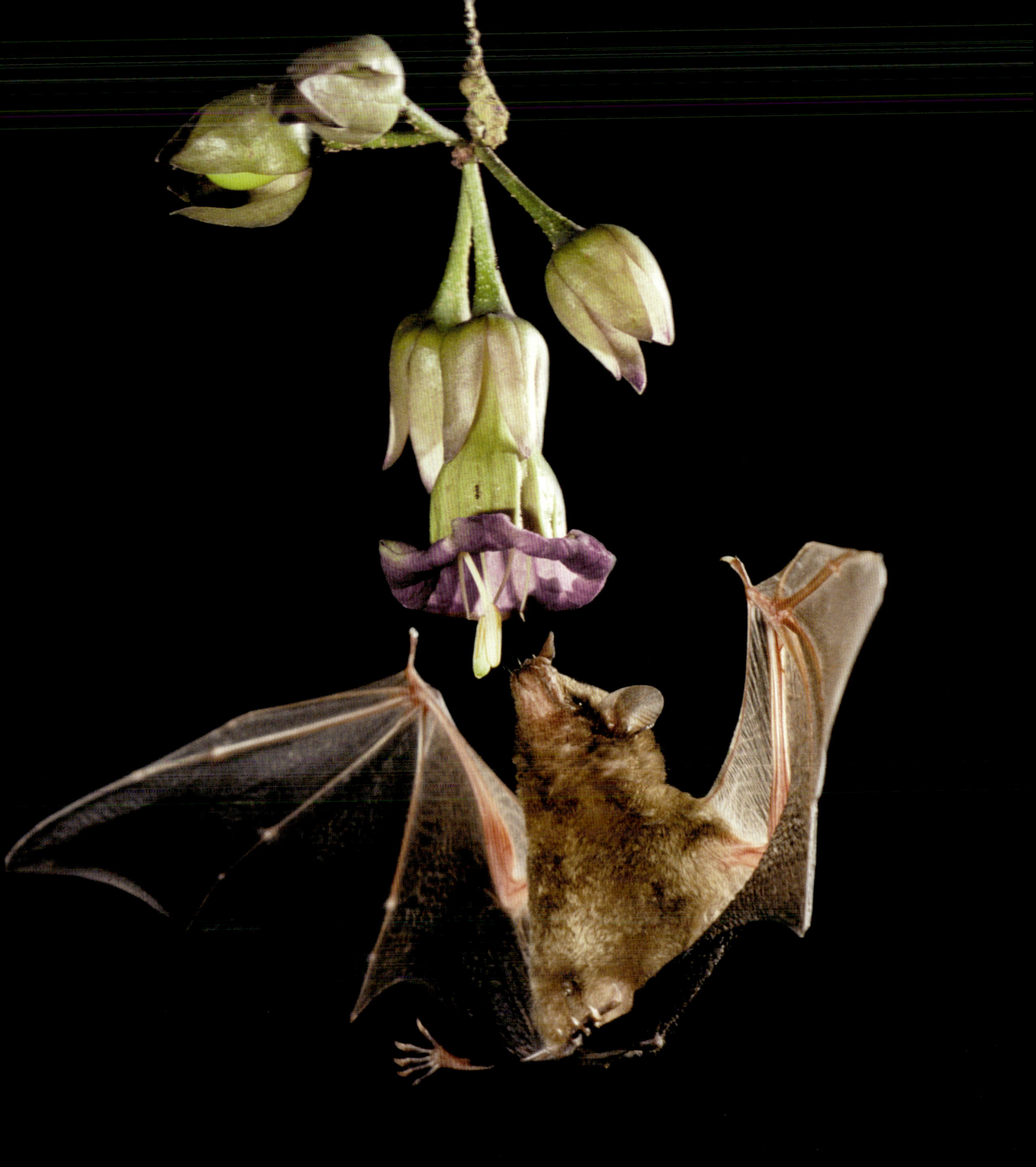

動物による授粉

　植物種のうち風媒を行うのは10パーセントだけで、残りは動物（主として昆虫）に頼って送粉します。これには十分な理由があります。昆虫は風よりもずっと信頼性が高く、限られた目標に送粉してくれます。ハナバチやチョウのような送粉生物は、報酬（一般には花粉や花蜜）を求めて花から花へ飛び回り、それによって比較的正確に花粉を運びます。ですから虫媒花は授粉を成功させるために作らなければならない花粉粒の数が少なく、風媒花と比べると明らかに生殖上有利です。花にやってきた送粉者の身体にうまく花粉をくっつけるため、生物に仲立ちしてもらう被子植物の花粉はしばしばトゲトゲしていたり表面が凹凸だったりします。また、花粉粒が《花粉外被》というねばねばした脂質でコーティングされていることもよくあります。粘着性のある花粉は、花が送粉生物と何千万年も共適応するなかで編み出した数多くの適応のひとつです。花はまた、運び屋の生物を呼び寄せるための多種多様な広告戦略や報酬を発達させました。植物が花を"売り込む"手法はどれも、誘引したい相手の生物に大きく関係しています。

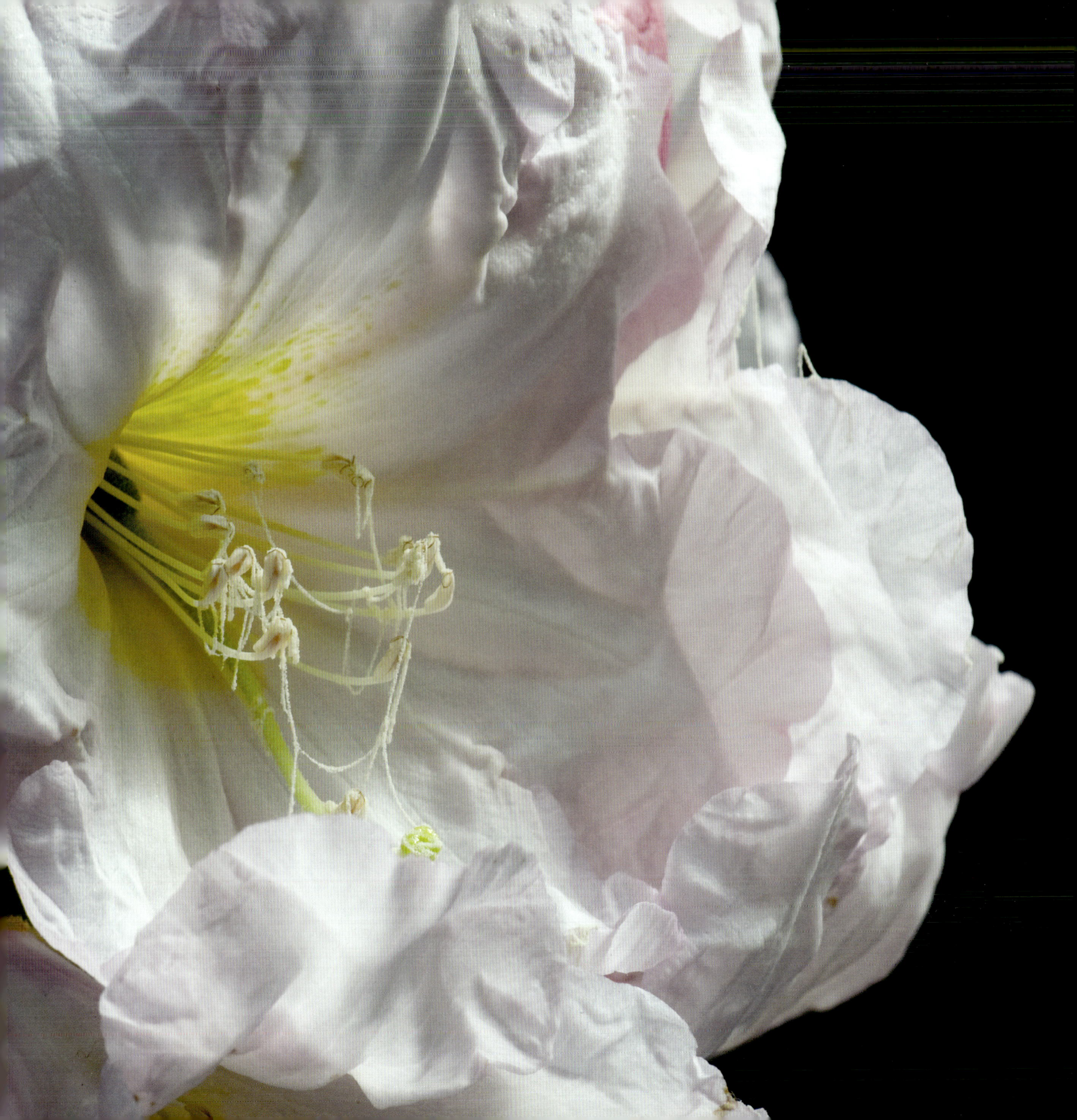

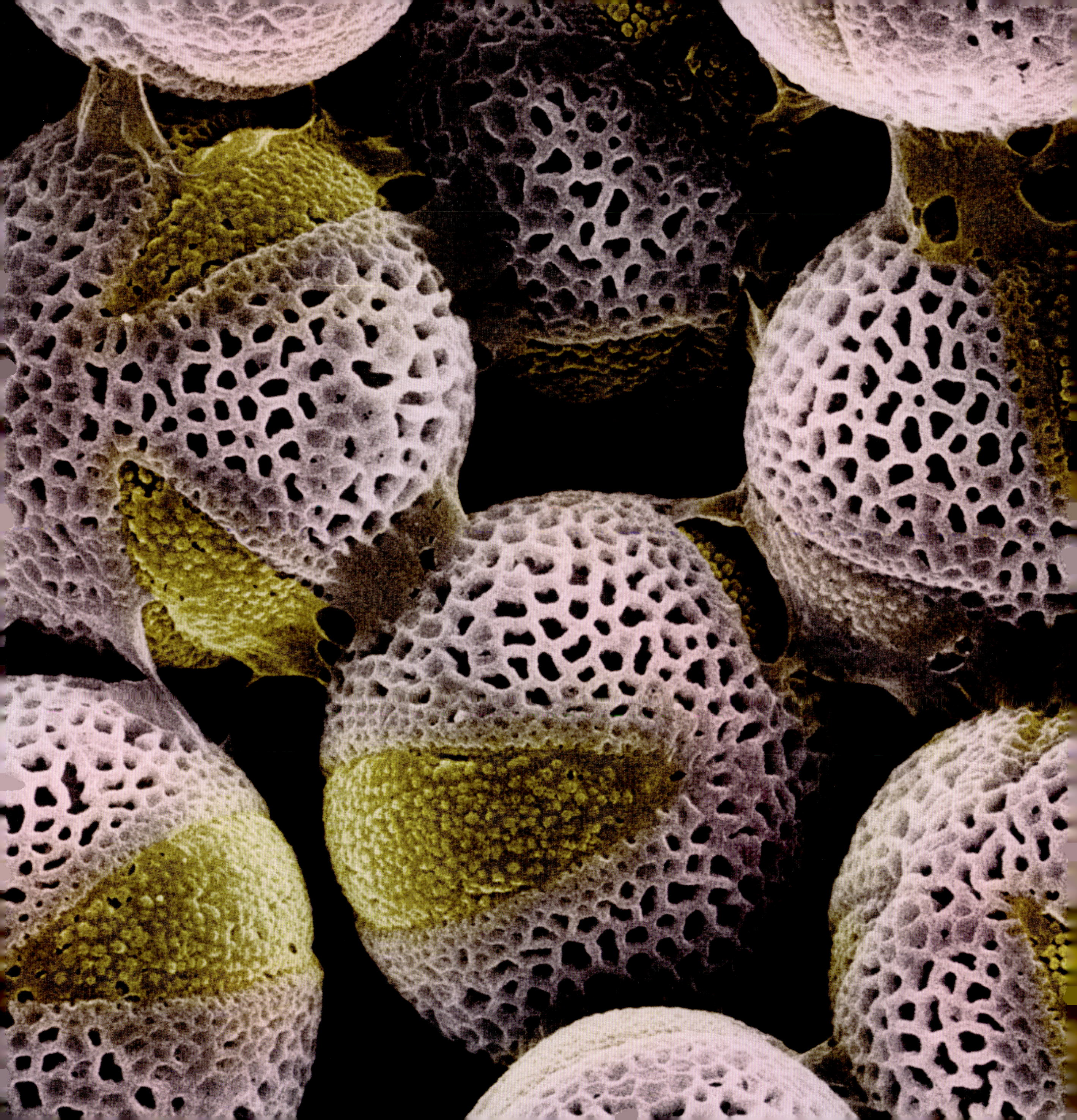

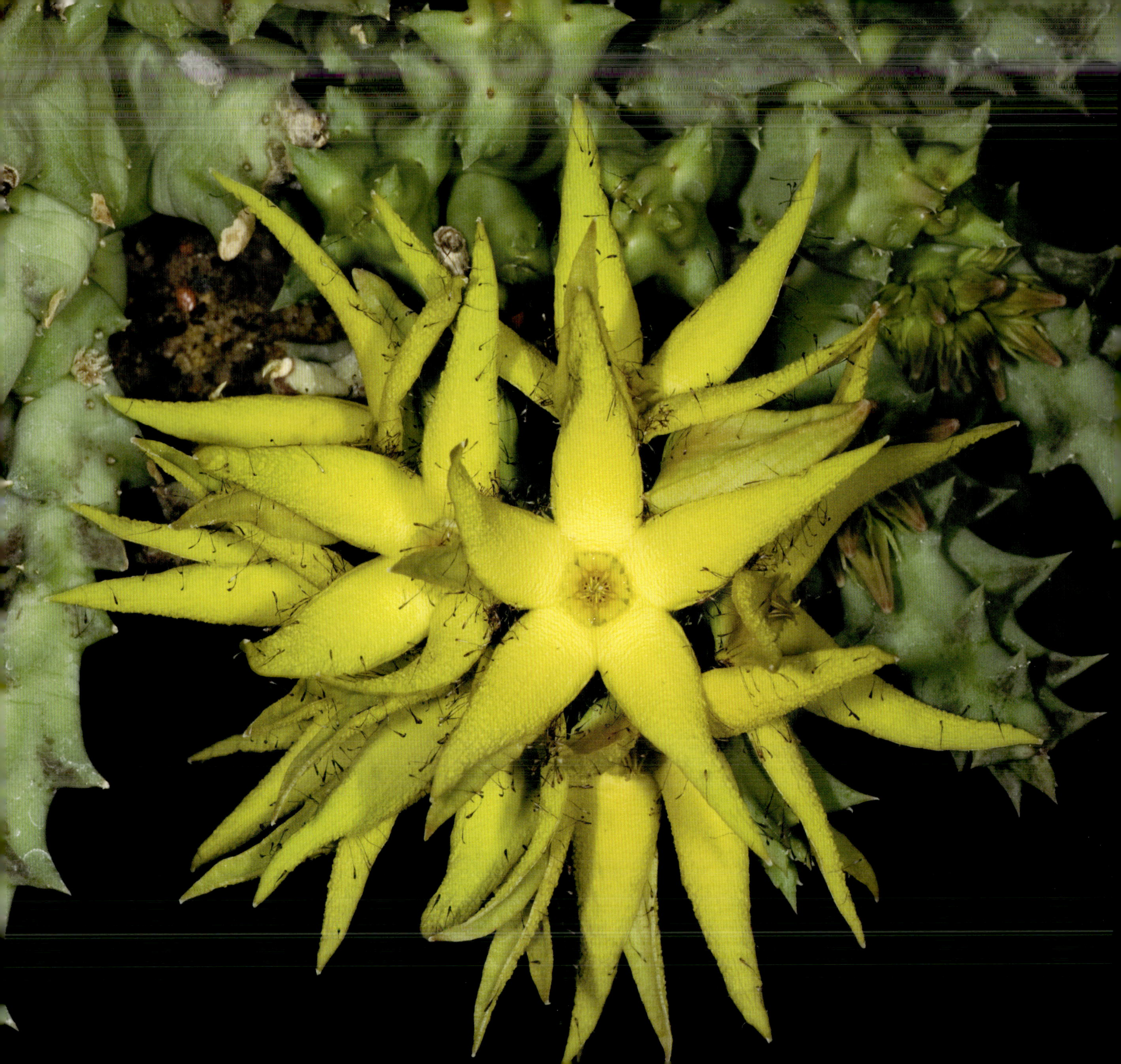

蓼食う虫も好きずき

　生き物はそれぞれ、身体の大きさも視覚・嗅覚の能力も好みも違います。被子植物は、共適応によって特定のグループの生き物（たとえば昆虫、鳥、コウモリ）の――それどころか場合によってはたった1種類のハナバチやチョウ、ガ、甲虫の――好み（色、匂い、食べ物）や、身体的特徴（大きさ、口吻の長さなど）に合った形の花を作り、望まない花粉が柱頭につくのを回避する効率的な方法を発達させました。送粉生物への適応には匂い、花蜜、花粉といった誘引要素がありますが、最も重要なポイントは、花蜜を分泌する《蜜腺》という器官をどこにどのように配置するか――どうすれば、送粉者が蜜にたどりつく前に葯と柱頭に身体をこすりつけるか――という戦略です。生き物を招く手段には他にも花の匂い、目につきやすい色や模様（《蜜標》）、さらには昆虫そっくりの擬態すらあります。驚くほど多種多様な花があって私たちを楽しませてくれるのは、このような送粉生物との共適応があったからこそです。バラやクチナシのように鮮やかな色でかぐわしい香りを放つ花もあれば、その正反対の不快な花もあることは、それで説明がつきます。特に、死肉にたかるハエを送粉者に選んで進化した花は、見かけも臭いも動物の死骸にそっくりです（コンニャク属、ウマノスズクサ属、ドラクンクルス属、ラフレシア属、スタペリア属など）。ランの一部の花に至っては、送粉者の性生活に割り込もうと交尾相手そっくりの花を咲かせますし（ハナバチによく似た花をつけるオフリス属のランなど）、もっと生物を混乱させる例として、ライバルであるオスのハチに擬態して攻撃させるオンキディウム・プラニラブレ（*Oncidium planilabre*）のようなランまであります。

　送粉者として最大の役割を果たしているのは昆虫ですが、脊椎動物、とりわけ鳥とコウモリによる送粉に適応した花もたくさんありますし、小型の哺乳類や有袋類を利用する花も存在します。花の咲く植物が特定のタイプの送粉者に合わせて発達させたさまざまな適応は、《送粉シンドローム》と呼ばれます。

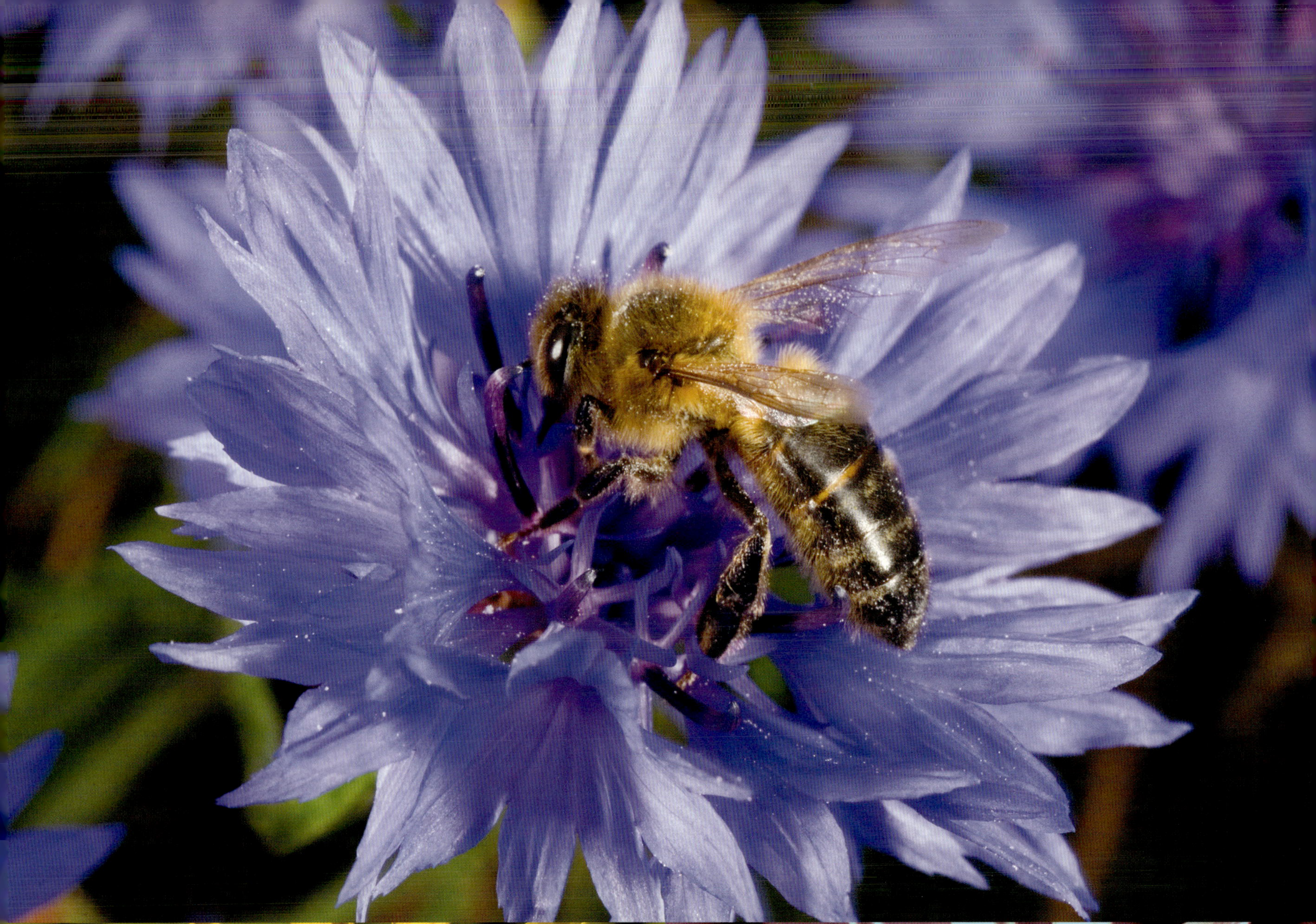
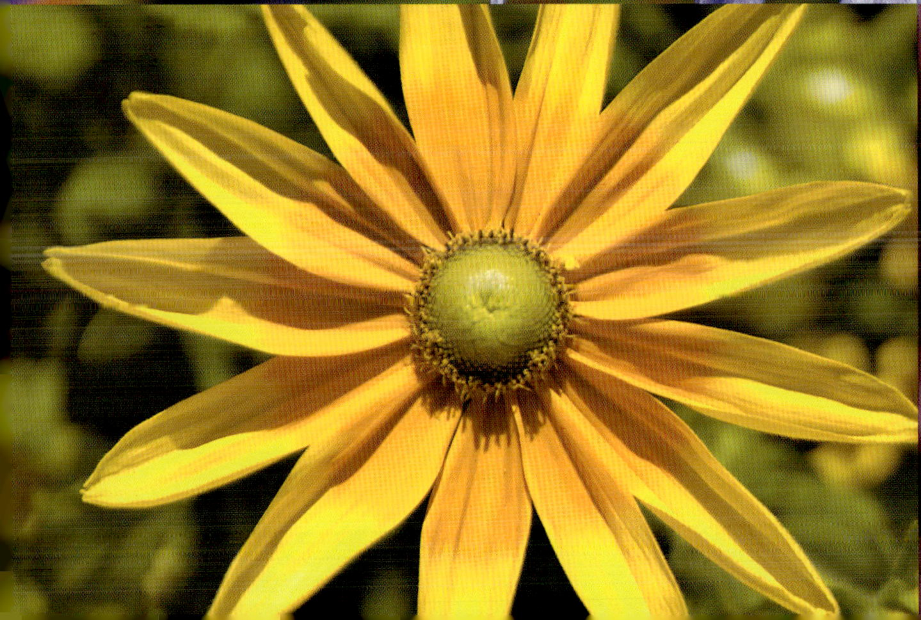
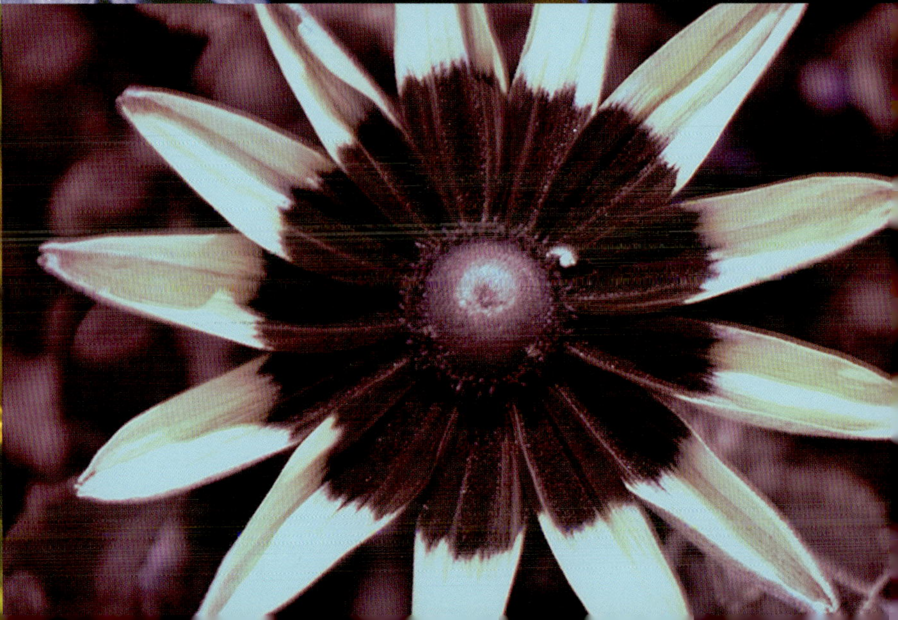

虫媒シンドローム

昆虫は送粉者のなかで最も古く最も大きいグループです。被子植物の65パーセント以上が虫媒花をつけます。一番重要な運び手はハナバチ、チョウ、ガの仲間です。進化の道筋の中で、植物と昆虫の間にはとても緊密なパートナー関係が築かれました。この同盟関係は植物と昆虫のどちらにとっても非常に大きい意味を持つようになり、植物が昆虫の必要に合わせて適応するだけでなく、昆虫の方も「自分たちの花」に合わせた進化をして、身体や口器の形、採食行動を変えてきました。これを共適応といいます。実際、ここ1億2000万〜1億3000万年の間に昆虫と花の咲く植物のどちらもが多岐に分かれて無数の種を形成したことから考えて、被子植物の出現と多様化に最大の影響を与えたのはおそらく昆虫と植物の共適応であったと言えそうです。

ハナバチに送粉してもらう花

虫媒のうちで最も重要な送粉者グループはハナバチです。ハナバチはおよそ2万種ほどいるとされ、おなじみのセイヨウミツバチ（*Apis mellifera*）はそのうちの1種にすぎません。ハナバチはとても効率の良い送粉者で、多くの植物がハナバチとの共適応で相互に利益を得ています。ハナバチの多くは社会性昆虫です。彼らは、巣（コロニー）を維持するために花蜜（エネルギー源）と花粉（幼虫のためのタンパク源）を集めます。つまり、ハナバチ媒花（ハナバチ送粉シンドロームの花）が差し出す報酬は、花蜜と花粉（粘着性で、匂いがあることも多い）の両方です。ハナバチの目は赤い色を識別しにくく、そのかわり人間には見えない紫外線を見ることができます。緑の葉を背景に花を咲かせてハナバチの注意を引くために、ハナバチ媒花はたいてい黄色か青色をしています。明るい白色に見えるハナバチ媒花があったら、十中八九その花は紫外線を強く反射しています。また、蜜標と呼ばれる目立つ色の模様はハナバチに花蜜のありかを教えます。ちょうど滑走路の白いラインが飛行機を安全に着陸させる目印になるのと同じです。蜜標は人間にも見える色の場合もあれば紫外線領域のこともあります。ハナバチ媒花の一部は、平らな皿状の花または花序をつけて昆虫がとまりやすい足場を提供します（ヒマワリの花はその好例です）。一方、左右相称花（ランやシソのような左右対称の花）をつけるハナバチ媒花もあり、その場合は下側の唇弁（ふくらんだ花弁）が足場の役割を果たします。ゴマノハグサ科やシソ科やオオバコ科のような進化の進んだ科の多くで、花弁同士が融合して筒状になり、好みの昆虫しか入れない形をしている左右相称花が見られます。たとえばオオバコ科キンギョソウ属の花には、大型で体重のあるハナバチやマルハナバチしかもぐりこめません。小型のハナバチでは軽すぎて、花筒の手前をふさいでいる下側の唇弁を押し下げられないのです。

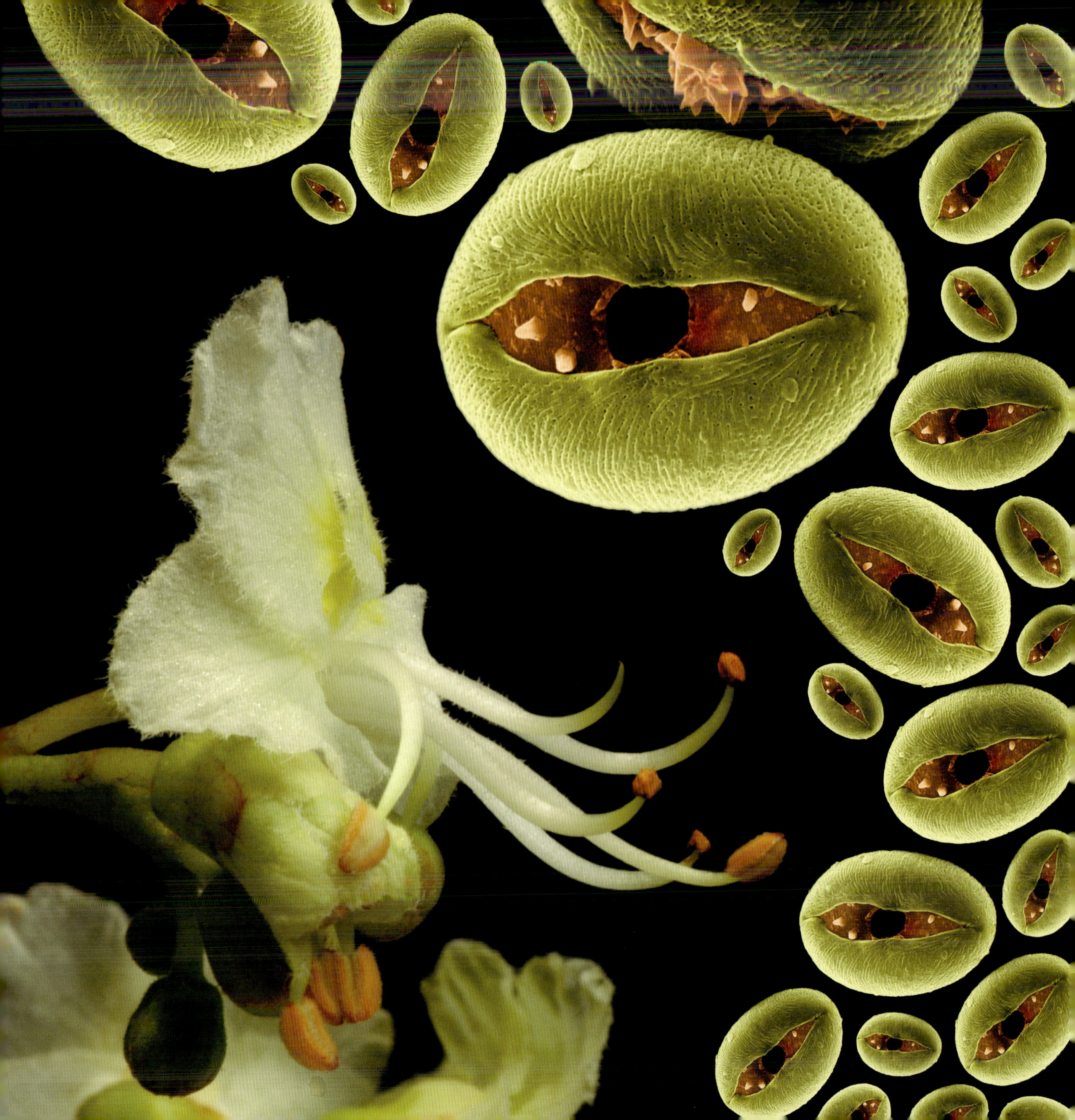

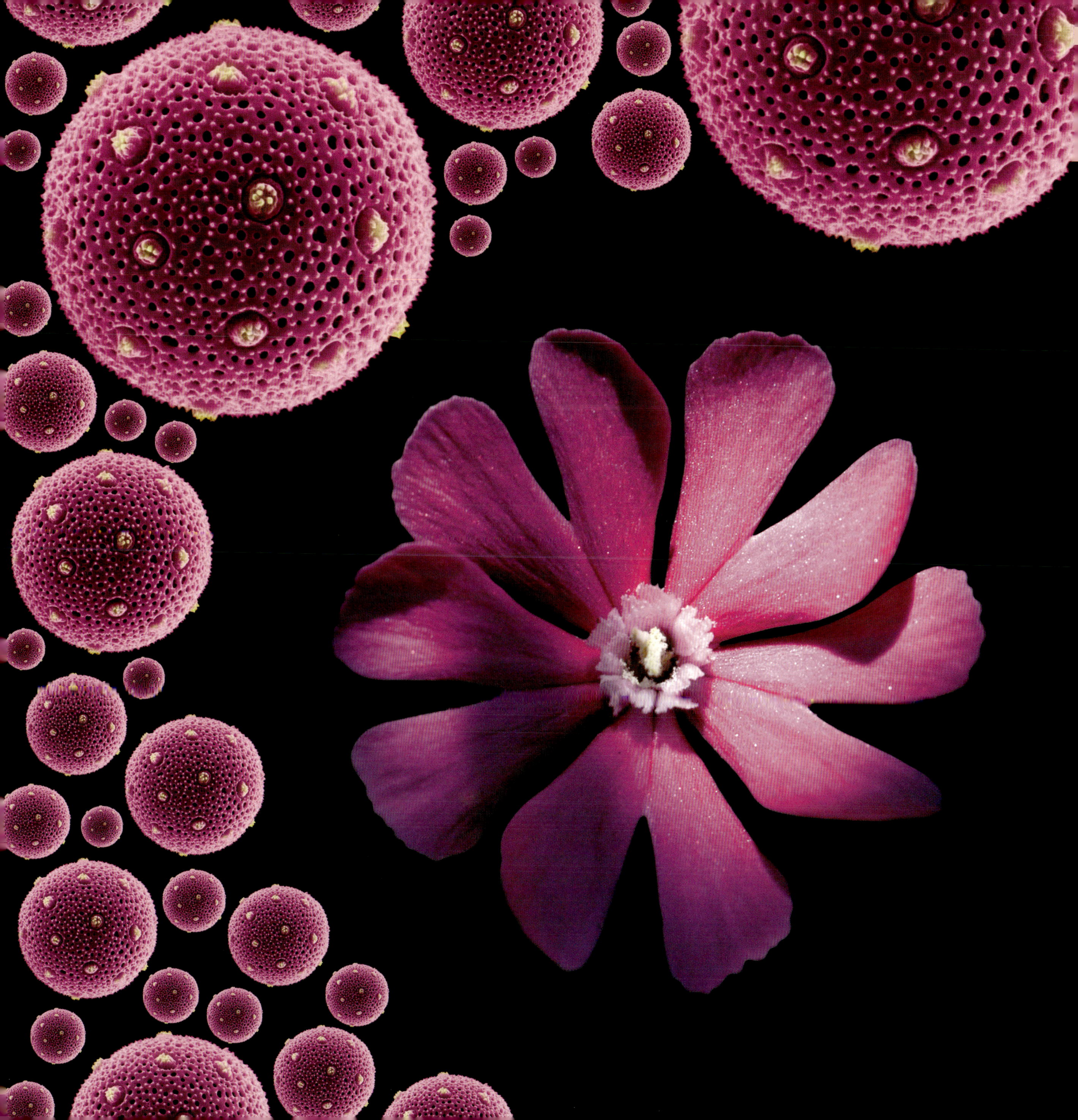

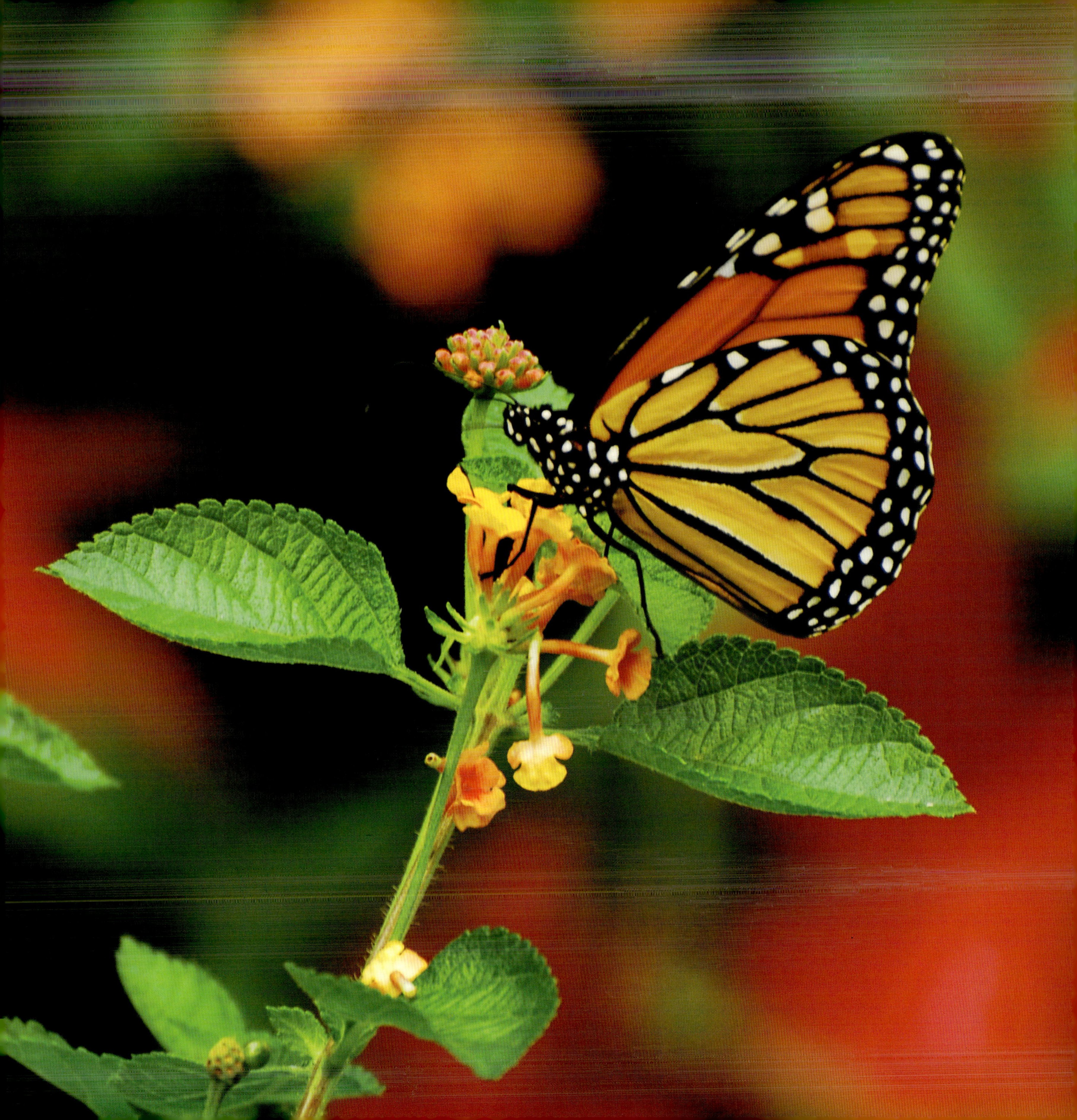

チョウとガに送粉してもらう花

　チョウとガも重要な送粉昆虫です。どちらも長い舌（口吻）を持っています。口吻は食べ物を食べたり吸ったりするために特殊な適応をした管で、使わないときはゼンマイのように巻かれて頭の下の部分にしまわれています。ガは夜行性で嗅覚が発達しているのに対して、チョウは昼行性で、あまり鋭くない嗅覚のかわりに視覚に頼って行動します。チョウは紫外線領域を見ることができるだけでなく、ハナバチやその他ほとんどの昆虫とは異なり、赤い色も識別できます。典型的なチョウ媒花は、匂いは弱いけれど色が鮮やかです。赤、ピンク、紫、オレンジはチョウのお気に入りの色です。ハナバチ媒花と同様に、チョウ媒花にも蜜標があります。チョウ媒花は、チョウがとまって長い口吻で蜜を吸うのに適した形に適応しています。平らなお皿のような形の足場があり、細長い花筒の底や距（花冠や萼の後部が突出して袋状になった部分）の奥に豊富な蜜を隠していて、口吻の短い昆虫では蜜に口が届きません。

　チョウと同様にガも、管状の花から主食である蜜を吸えるよう適応しています。けれどもガは夜行性ですから、色よりも匂いに引き寄せられます。一般にガ媒花は白か薄いピンクで、蜜標はなく、夜に開花して強く甘い香りを放ちます（この香りはしばしば、人間にも魅力的です）。ガ媒花の多くはそれぞれ特定の種のガに適応した長い距を持っています。特定のガを相手にすることで、望まない花粉が柱頭に付くのを防いでいるのです。

　花と送粉者の相互適応は、ときには非常に明白です。チャールズ・ダーウィンがマダガスカルのラン、アングラエクム・セスクィペダレ（*Angraecum sesquipedale*）の送粉者の姿を予言した逸話は有名です。ダーウィンはこの花に30〜35 cmもの長さの細長い距があるのを見て、距の奥の花蜜を吸えるほど長い口を持つ昆虫が存在するに違いなく、その昆虫はおそらくガであろうと考えました。この説の正しさが証明されたのは、ダーウィンの死後数十年が経ってからです。20世紀の初め、22 cmもの長さの口吻を持つ巨大なスズメガがマダガスカルで発見され、キサントパンスズメガ（*Xanthopan morganii praedicta*）と名付けられ

ました。ラテン語学名の末尾の*praedicta*は「予言された」という意味です。このスズメガの命名と解説がなされたのは1903年ですが、実際にこのガこそがアングラエクム・セスクィペダレの送粉者だという証拠が得られたのは、ダーウィンの予言から130年後のことでした。1992年にドイツの動物学者ルツ・ヴァッサータールがマダガスカルへ赴き、なかなか見られないキサントパンスズメガの自然の中での姿を追いました。旅は大収穫でした。彼は、キサントパンスズメガがアングラエクム・セスクィペダレの送粉を媒介する動かぬ証拠となる見事な写真の撮影に成功したのです［49ページ右上の写真］。それでは、なぜこのスズメガはこんな常識外れに長い口吻を発達させたのでしょう。答えは彼らの食物摂取戦略にあります。大部分のスズメガは花の正面でホバリングしながら花蜜を吸います。ヴァッサータールは、極端に長い口吻とホバリング飛行は、花の中や裏側で待ち伏せしているコモリグモなどの捕食者から身を守るための適応だと考えました。うんと長い口吻を持つスズメガだけが、コモリグモの射程外から蜜を吸うことができます。スズメガが身を守るために口吻を長くし、次にそのスズメガを送粉者として利用しようとする花がガに合わせて形を変えた—というのが、考えられる進化のシナリオです。

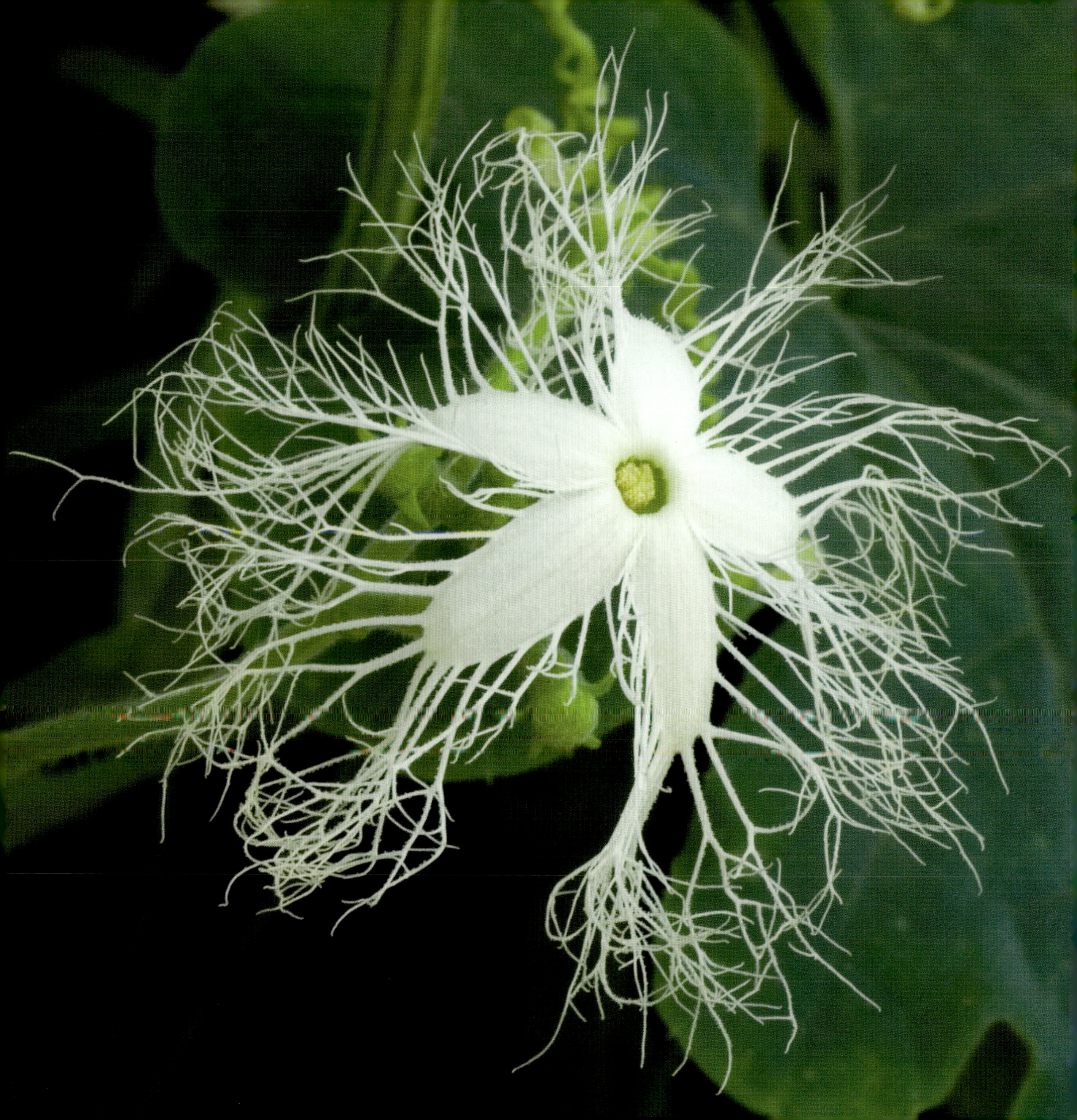

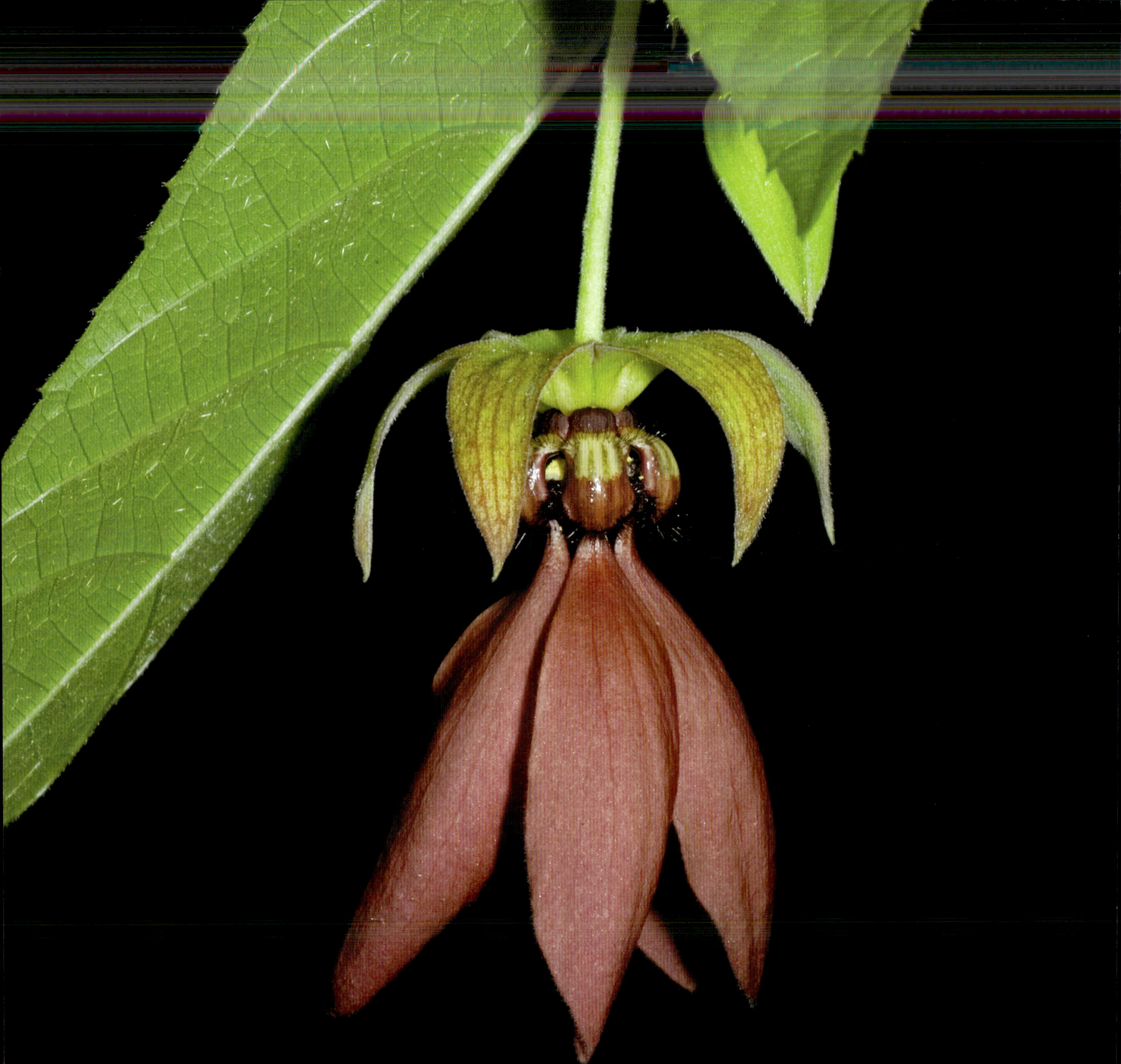

送粉するハエと甲虫

ハチやチョウやガほどではありませんが、ハエと甲虫も重要な送粉者です。一部の植物がハエや甲虫との共適応で発達させた送粉シンドロームには強烈な印象を与えるものもあり、特にハエが送粉者の場合が有名です。ハエ送粉には、2つのタイプがあります。ひとつはハエ媒で、普段から花粉や花蜜を食べているハエ（アブなど）が送粉します。もうひとつは腐生ハエ媒で、糞や腐肉を食べたりそこに産卵したりするハエを送粉に利用します。トウダイグサ属の多くをはじめとするハエ媒の花は、ふつうはあまり奥行きがなく、薄い色で、取りやすい場所に花蜜があります。匂いもありますが、多くの場合はとても弱い匂いです。腐生ハエ媒の花は、腐りかけの有機物に似た外見と臭いで、フンバエやニクバエの食生活や産卵行動を利用します。花の色はたいてい鈍い茶色、紫、濃紫（たとえば左ページの写真のアオイ科トゲアオイモドキ *Abroma augusta*）や緑（サクラソウ科デヘライニア・スマラグディナ *Deherainia smaragdina* など）です。最大の特徴は、腐ったような悪臭を放つことです。糞や腐肉を食べる一部の甲虫もつられてやってくることがあります。他に、花粉を食べる甲虫をもっぱら相手にする花もあります。一般に甲虫は体重が重くて花を壊してしまいがちなので、甲虫を送粉者とする花はたいてい大型で頑丈でお椀のような形をしています（たとえばモクレン属、ケシ属、チューリップ属）。小さな花も、セリ科の多くの花のように多数が密集した花序をなしていれば甲虫を誘引できます。甲虫媒の花には、無臭のものも果実に似た匂いを強く放つもの（クロバナロウバイ *Calycanthus floridus* など）もあり、どちらにしても報酬となる花粉はふんだんに提供するものの花蜜はまったくないか、あってもわずかです。花の色は鈍い白から濃紫までが一般的ですが、なかにはケシ（ヒナゲシ *Papaver rhoeas* など）やチューリップ（トゥリパ・アゲネンシス *Tulipa agenensis* など）のように蜜標付きの鮮やかな赤い花もあります。こうした花の一番の送粉者はコガネムシ類、その次がハナバチです。

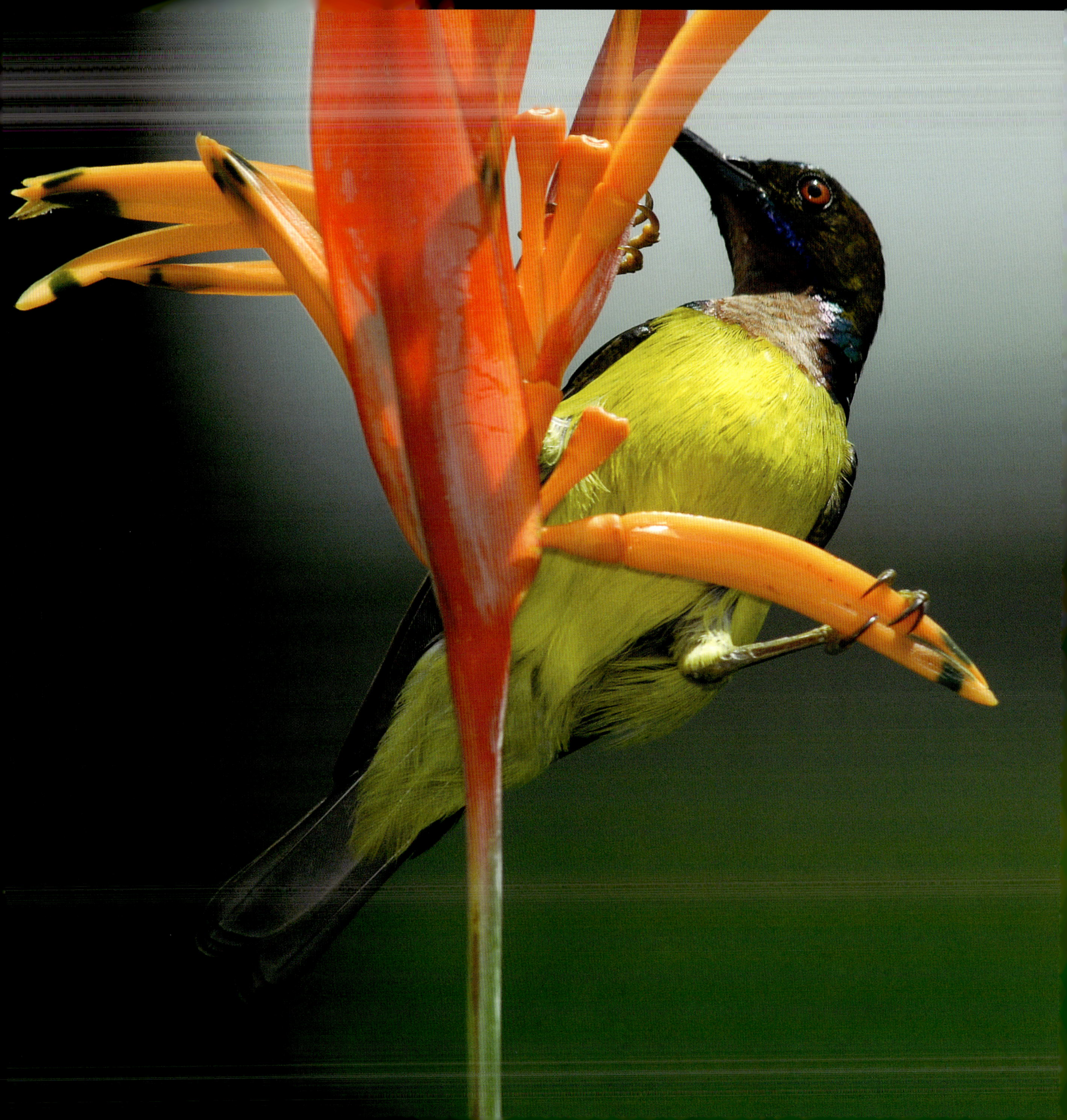

鳥媒シンドローム

　動物に送粉を頼る花のうち80パーセント近くは虫媒に適応しています。けれども熱帯植物には、明らかに鳥を送粉者に選んで適応し、花を進化させてきた種もたくさんあります。とりわけ重要な送粉鳥類の例として、アメリカ大陸に生息する嘴（くちばし）の長いハチドリ（ハチドリ科）、アフリカとアジアのタイヨウチョウ（タイヨウチョウ科）、オーストラリアのミツスイ（ミツスイ科）など、見事な適応を示している鳥が挙げられます。鳥はチョウと同じように、色彩を見分ける力が優れている一方で嗅覚は貧弱です。鳥媒に適応した花は、たいていは匂いがなく、とても色鮮やかな花をつけます。赤、ピンク、オレンジ、黄色、緑、さらにそれらを組み合わせた花も見られます。花の形はまさに千差万別です。タイヨウチョウかミツスイが送粉者なら、その植物は茎や花柄、あるいはすぐ隣のつぼみなど、鳥がとまる足場を用意しています。オーストラリアに分布するヤマモガシ科のバンクシア属、グレヴィレア属、テロペア属、フトモモ科のユーカリ属は、ミツスイを呼び寄せるためにたくさんの小さな花が集まってひとかたまりになった、大型でしっかりしたブラシのような花序を作ります。

　それに対して、嘴が長くホバリングする鳥——主にハチドリ——が訪れる花には足場がなく、ある程度の硬さのある長い花筒を持ち、その底にブドウ糖が豊富で消化の良い花蜜をたっぷり用意しています。一般に、ハチドリ媒花は下向きにぶら下がるように咲き、ハチドリが花の下でホバリングして嘴を上向きにし、花蜜の入った長い距にその嘴を差し入れなければいけないよう仕向けます。その際に、鳥の頭に花粉が付着する仕掛けあり。チョウが媒介する花の場合と同様に、嘴の長さと花筒の長さには共適応関係が見られます。

コウモリ媒シンドローム

　哺乳類のなかでは熱帯のコウモリが群を抜いて重要な送粉者です。コウモリの仲間は世界におよそ1000種いて、その大部分は昆虫を食べて生きています。けれども、旧世界と新世界のコウモリの2つのグループがそれぞれ独自に進化して、花粉や花蜜や果実への嗜好を発達させました。旧世界の熱帯地域には、ベジタリアンの食生活を謳歌するオオコウモリ科のオオコウモリがいます。オオコウモリ科はオオコウモリ亜目の唯一の科で、世界最大のコウモリがここに含まれることから名付けられました。オオコウモリ科でも最小の種は頭から尾までが6〜7 cmですが、オオコウモリ属のなかには頭から尾まで40cm、翼幅は1.7mという種もいます。オオコウモリ科のコウモリはアフリカ、アジア、オーストラリアの熱帯・亜熱帯地域全体に広く分布しており、全部で160種以上を数えます。一方、新世界では花と果実を愛するコウモリは一般に小型で、ココウモリ亜目のヘラコウモリ科に属しています。比較的単純な耳しか持たない旧世界の果実好きコウモリとは対照的に、新世界の果実好きコウモリは優れた反響定位（エコーロケーション）能力で自分と周囲の位置関係を把握します。オオコウモリ科は例外的な1種（エジプトルーセットオオコウモリ *Rousettus aegyptiacus*）を除いて反響定位能力がなく、視覚を頼りに障害物を避け、花や果実を探知するには嗅覚を使います。オオコウモリ科とヘラコウモリ科では食べ物の好みも少し違います。旧世界の果実好きコウモリは花粉と花蜜、あるいは果実だけを食べますが、新世界の方はそこまで植物食に共適応してはおらず、タンパク質の大部分は昆虫で摂っています。典型的なコウモリ媒花には、はっきりした共通の特徴があります。夜間に開花し、比較的花のサイズが大きく、釣り鐘型か皿型でコウモリの頭が入る広い開口部を持ち、触った感じはしっかりと頑丈で、色は地味であり（多くは白やクリーム色や緑色で、時折ピンク、紫、茶色も）、キャベツあるいは発酵した果実のような強い匂いを放ち、水分の多

かけがえのない粉　57

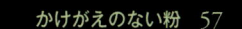

い花蜜を大量に分泌する——と
いうのがその特徴です。一般にコ
ウモリ媒花は、コウモリが近づき
やすいように、葉の茂ってい
ない場所に咲きます。幹
や太い枝に直接花が咲
いたり、長い花茎で枝
からぶら下がったりする
のです。

典型的なコウモリ媒花

　コウモリが送粉する花の代表例はノウゼンカズラ科で見ることができます。アフリカのソーセージノキ（*Kigelia africana*）［左ページの写真］やアメリカのフクベノキ（*Crescentia cujete*）がそうです。他に、熱帯アメリカに分布するハナシノブ科のコバエア・スカンデンス（*Cobaea scandens*）や、サボテン科の柱状のサボテンの多く、たとえばベンケイチュウ（弁慶柱、*Carnegiea gigantea*）、ブリンチュウ（武倫柱、*Pachycereus pringlei*）、ダイオウカク（大王閣、*Stenocereus thurberi*）などもコウモリ媒花をつけます。ブラシやピンクッション型のコウモリ媒花も見られ、大きな花（または小さい花が密集した花序）に多数の派手な雄しべがあって、花蜜ではなくこの雄しべがコウモリの食べ物になることもよくあります。アオイ科のバオバブ（*Adansonia digitata*）には最高で2000本もの雄しべがあります［上の写真］。他のタイプの送粉シンドロームでもそうですが、コウモリが訪れる花がすべてコウモリ媒にぴったり適応しているわけではありません。多くの種の花は、いろいろな送粉者を招き入れています。ソーセージノキの花［左ページ］は血のような赤い色で夜に咲き、コウモリだけでなくガやタイヨウチョウもやってきます。

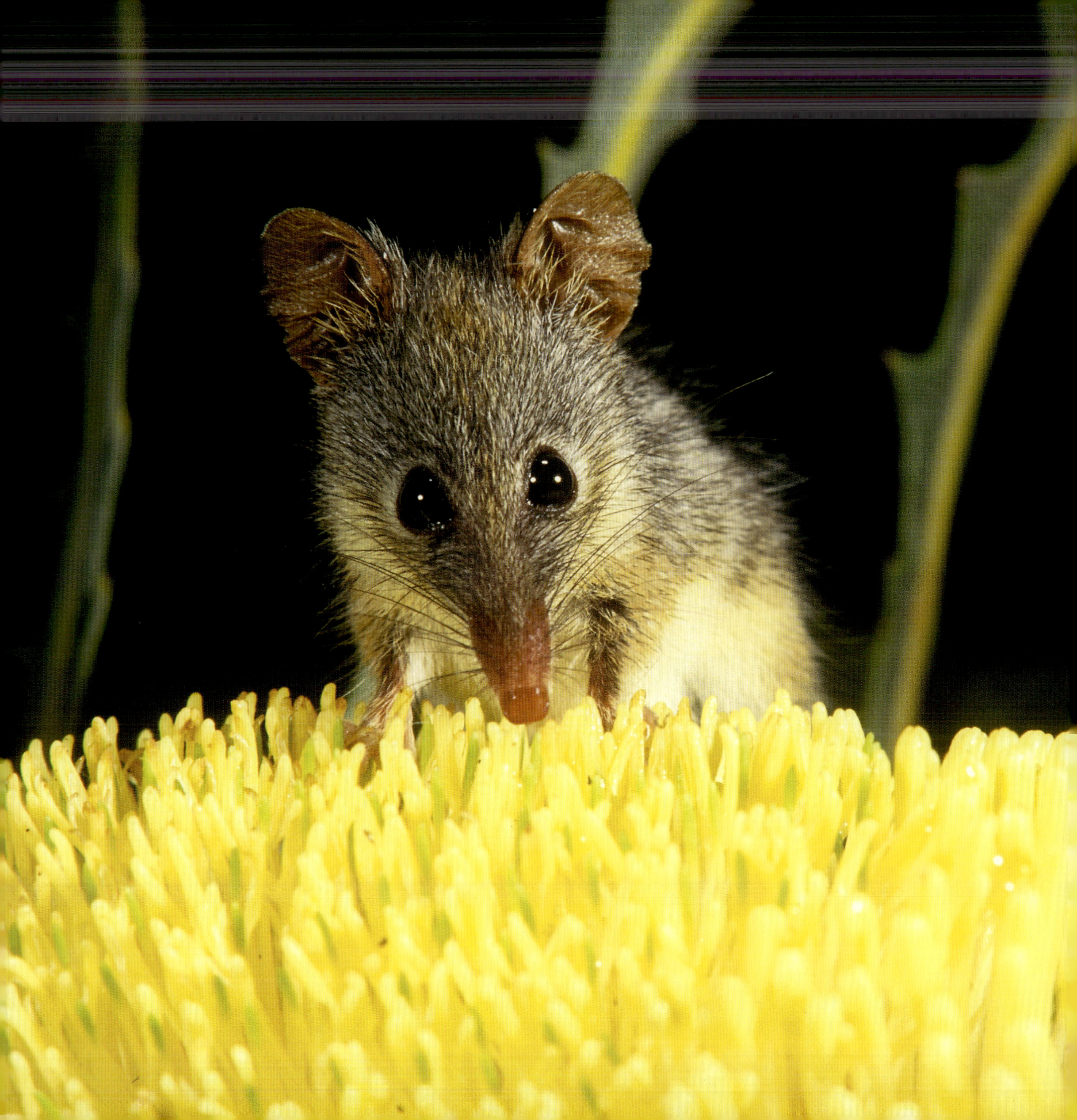

変わった送粉者

　多様な生物種が見られる熱帯・亜熱帯では、コウモリ以外の小型哺乳類も食事のついでに花粉を運ぶことがあります。マダガスカル原産のタビビトノキ（*Ravenala madagascariensis* ゴクラクチョウカ科）の主な送粉者は鳥ですが、キツネザルによる送粉にも適応しています。ハワイのイエイエ（*Freycinetia arborea* タコノキ科）は果実食のコウモリを呼ぶために花を咲かせ、汁気の多い苞葉を食べにメジロが飛んできて送粉するほか、外来種のネズミが登ってくると言われます〔監修者注：ネズミは送粉するよりむしろ花を食べてしまうとする文献もあります〕。オーストラリアには、餌を食べがてら送粉する小型の有袋類がたくさんいます。送粉者としての適応がまったく見られない有袋類もいますが、なかにはフクロミツスイ（*Tarsipes rostratus*）のように高度に適応した送粉者もいます［左ページの写真］。フクロミツスイはヤマモガシ科の植物がつける細長い花の蜜を吸って生きているため、鼻は長く突き出ていますし、歯はまったくないかあってもわずかで、先端がブラシのようになった細長い舌を持っています。

　とても奇妙な送粉の仕組みとして、日本と中国が原産のオモト（*Rohdea japonica* スズラン科）の例を紹介しましょう。オモトの花は腐ったパンのような匂いがします。この匂いに誘引されてやってきたナメクジやカタツムリが肉厚の花を食べ、這いまわる間にぬめぬめした身体にくっついた花粉を運ぶのです。ナメクジやカタツムリによる送粉はとても珍しく、オモトの他には6種でしか知られていません。その多くがサトイモ科です（ヒメカイウ *Calla palustris*、コロカシア・オドラ *Colocasia odora*、フィロデンドロン・ピンナティフィドゥム *Philodendron pinnatifidum*、コウキクサ *Lemna minor*）〔監修者注：オモトやハランやカンアオイなど、カタツムリが花粉を運ぶと言われている植物がいくつかありますが、はっきりした証拠がなく、実際のところは不明です〕。

動物による送粉の利点

　花の咲く植物は専用の花粉配達サービスのおかげで近縁種との交雑を避けることができます。このとても効率の高い遺伝的隔離メカニズムにより、多くの新しい種が（たとえイトコやハトコにあたる種がすぐ近くに生えていても）比較的短い期間に進化することが可能になります。特定の花に適応した特定の送粉者は、遠く離れた場所に咲く同じ種の花へも飛んでいきます。すると、一定の面積に生育する植物種の数が増え、それぞれの種の個体数は少ない状態が生まれ、植物の世界の多様性が増します。この戦略の最も見事な実例を見せてくれるのがランです。1万8500以上の種があり、被子植物のなかで最も精巧で洗練された花をつけるランは、地球上の花の咲く植物では最大の、そして最も成功したグループです。ボルネオのキナバル山というたったひとつの山に750種以上のランが共存していられるのは、ランの送粉様式が極端に選択的だからです。

　さて、どんな授粉方法にせよ、ひとたび胚珠が受精したなら、花は果実になる準備を始めます。花弁はしおれて落ち、胚珠はふくらんで種子になり、発達する種子が大きくなるよう子房が成長しはじめ、子房壁は《果皮》へと変わっていきます。

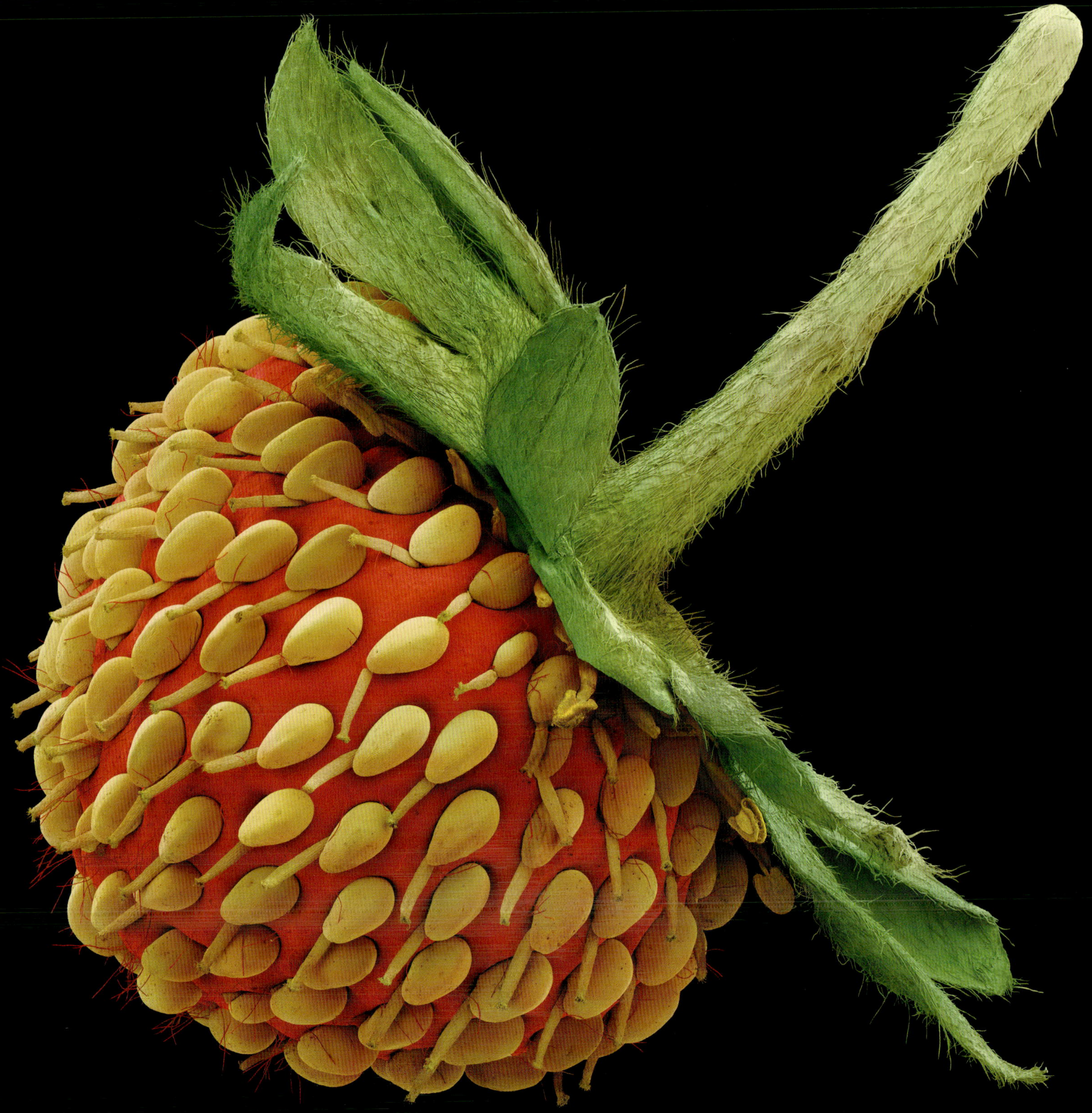

果実と種子
FRUITS AND SEEDS

「果実」や「果物」という言葉を聞くと、私たちの脳裏にはさまざまなものが次々に浮かんできます。シャキシャキしたリンゴ、甘いサクランボ、かぐわしいイチゴ、バナナやパイナップルやマンゴーなどの熱帯の恵み……。熱帯にはおよそ2500種の食べられる果物がありますが、大部分は地元の人々の口にしか入りません。熱帯、亜熱帯、温帯のどこで採れるかに関係なく、果実の食べ方はいろいろです。生で食べたり、乾燥させたり、調理したり、保存したりします。ヨーグルトやアイスクリームやビスケットに混ぜることもあれば、ジャムにすることもあります。ジュースやワイン、アルコール飲料にもなります。コショウ、ナツメグ、カルダモン、クローブ、トウガラシなどは香辛料として使われます。とりわけ価値の高いのはバニラ（*Vanilla planifolia* ラン科）の種子鞘を発酵させたもの（バニラビーンズ）で、チョコレートやアイスクリームその他多くのお菓子の香り付けのために高値で取引されます。ギニアアブラヤシ（*Elaeis guineensis* ヤシ科）やオリーブ（*Olea europaea* モクセイ科）の果実を圧搾すれば、貴重な油が採取できます。他にも、繊維、染料、医薬品、装飾用などの天然資源として人間の役に立つ果実は数えきれないほどあります。

　私たちにとって果実は自然からのすばらしい贈り物であり、おいしい食べ物や幅広い日用品の材料を提供してくれるありがたい存在です。けれども、そこからは、なぜ植物がそんなにも千差万別な果実を作るのかという理由はわかりません。また、硬くて乾いている、味が悪い、それどこ

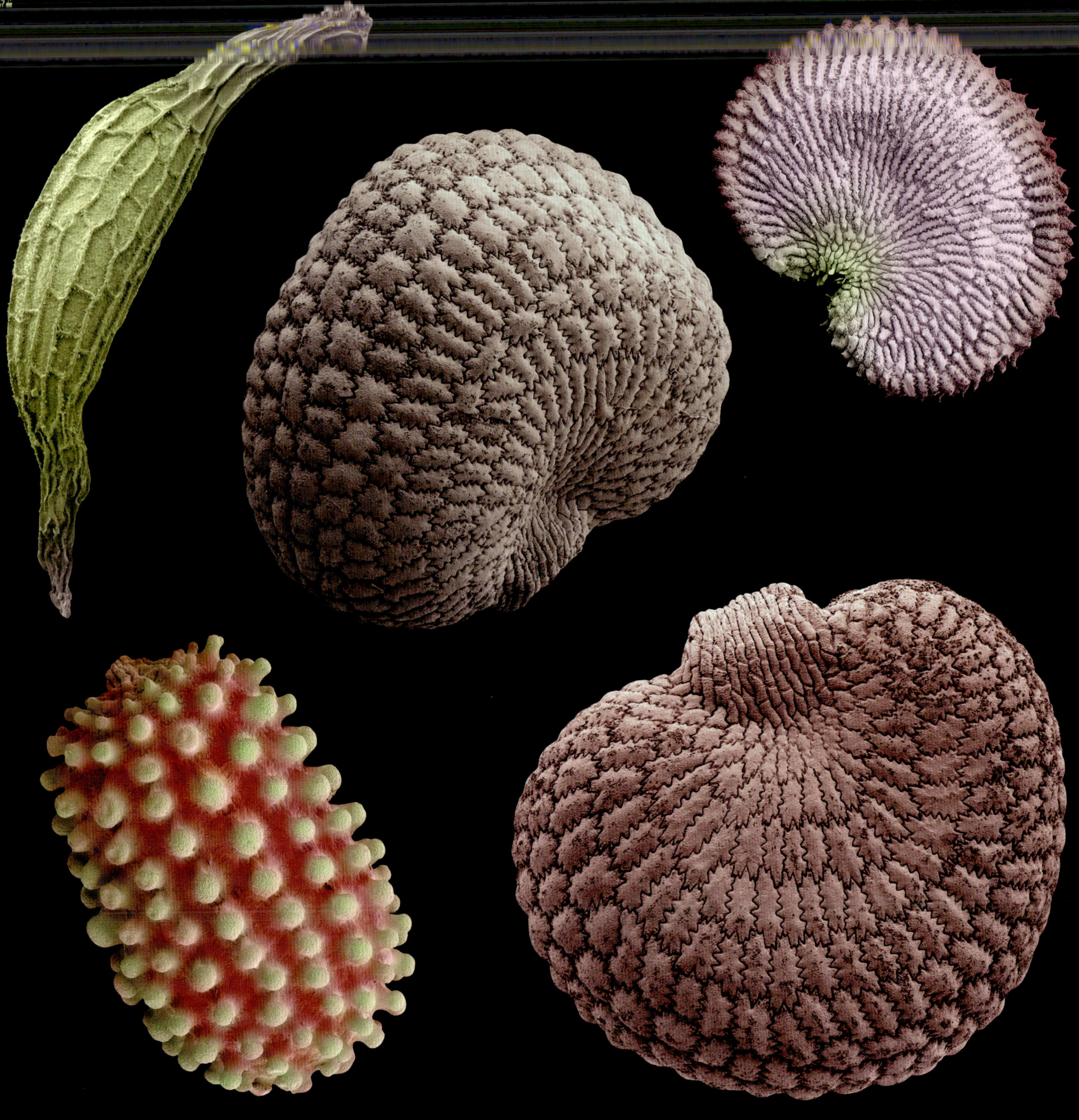

ろか毒があるなどで、食べることのできない果実もたくさんあります。自然界の果実の信じられないほどの多様性の背後には、とても奥深く興味深い真実が潜んでいます——果実の多様性は、植物の飽くことなき生き残り戦略の一部なのです。果実の中で育ち、果実に守られている種子は、植物が作り出す最高に複雑で最高に貴重な器官です。なにしろ種子は次の世代を運ぶのですから。花粉を別とすれば、種子は植物のなかで唯一「旅ができる」部分です。動物と違って、植物は地面に根を下ろしています。けれども多くの場合、種子ができたのと同じ場所で発芽するのはあまり好ましいことではありません。空間や光や水や栄養分を巡って親植物やきょうだいたちと争わなければなりませんし、親植物目当てにやってくる動物に食べられたり、親植物の病気が伝染したりという災難や不利な状況にも出くわしやすくなります。よそへ旅すれば、新しい生息地に到着して新たな集団を作り、種の分布範囲を広げるチャンスも生まれます。種子が発芽と生育に適した場所にたどり着けるかどうかには、個体の生存だけでなく種全体の生存もかかっているのです。ひとたび成熟した果実は、どうにかして本来の生物学的機能、すなわち種子の散布という使命を果たさなければなりません。

　植物の生活において果実と種子がどれくらい重要な役を担っているかを考えれば、植物が進化の過程で発達させた種子散布戦略が多種多様なことも納得がいきます。そうした機能的適応は見ただけではっきりわかりますし、とても美しくて——たとえば、風による散布に適応した羽根のあるカエデやトネリコの果実——、精密工業製品にもひけをとらないほど精緻な構造を持っています。昔から、植物学者もそれ以外の人々も果実と種子の散布に魅了されてきましたが、それも当然と言えるでしょう。植物の散布戦略は、風や水や動物や人間を利用することもあれば自力で実を破裂させることもあります。いずれの場合でも、無限なほど多様な果実と種子の色、形、大きさには散布戦略が反映されているのです。

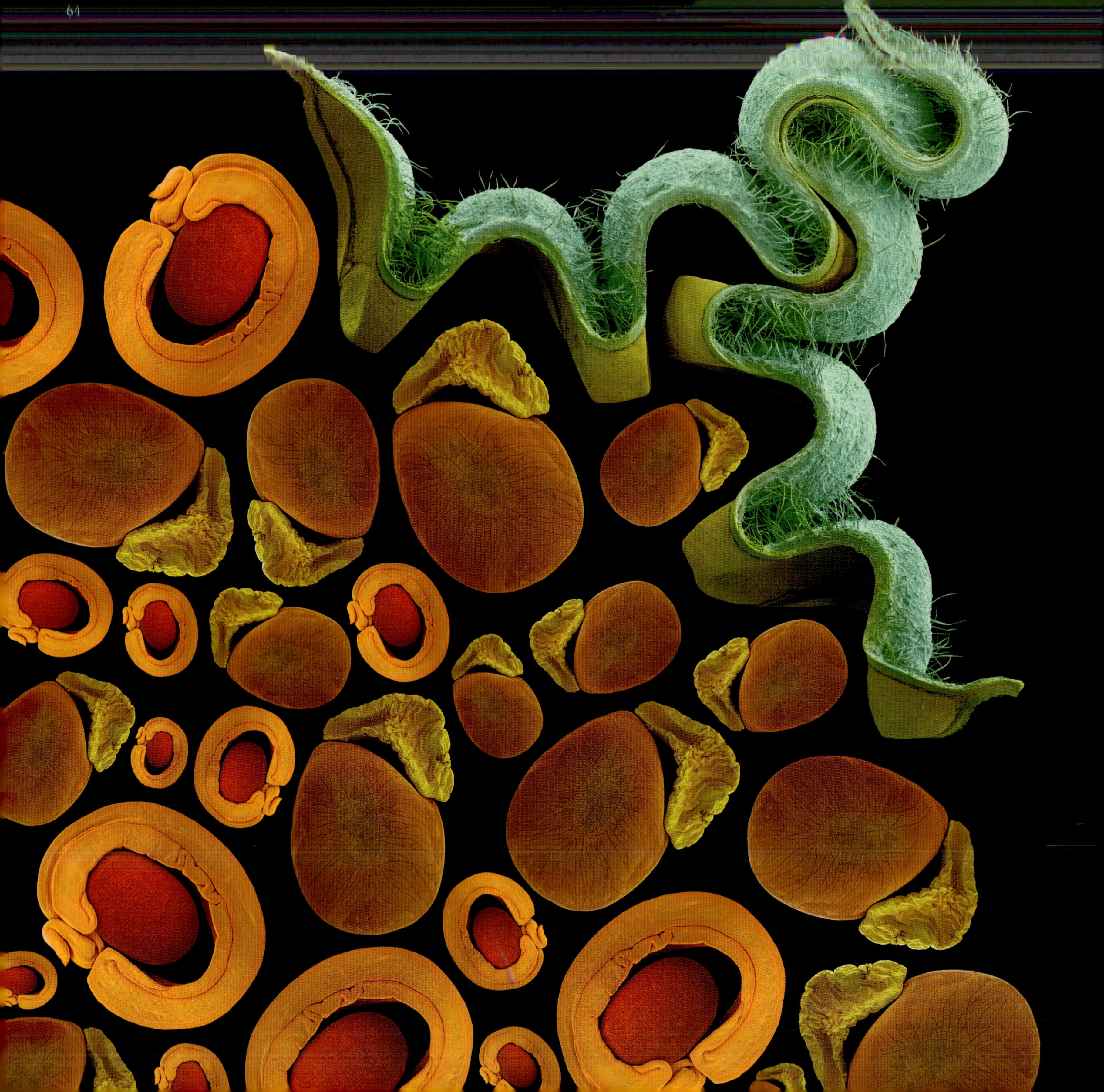

さまざまな移動方法

　果実は大きく分けると、成熟したときに種子を放出するために開く《裂開果》と、熟してもずっと閉じたままの《閉果》の2タイプに分かれます。果実のタイプによって、散布の基本単位である《散布体》の性質が違ってきます。《蒴果》をはじめとする裂開果では、種子が散布体です。一方、多肉質の果皮を持つ《液果》、堅く乾いた果皮を持つ《堅果》、外側に多肉質の外果皮があり中心の種子のまわりには堅い核（内果皮）がある《核果》などの閉果では、散布体は果実全体です。成熟した果実が、じつは花序全体が発達したひとつのユニットである《果序》である場合もあります。《多花果》と呼ばれるそうした果実で有名なのは、パイナップル科のパイナップル（*Ananas comosus*）や、クワ科のおいしい果実──マルベリーとも呼ばれるクロミグワ（*Morus nigra*）、イチジク（*Ficus carica*）、そして熱帯の驚くべき果実、パラミツ（*Artocarpus heterophyllus*）など──でしょう。なかでも、大きいものは長さ90 cm、重さ40 kgにもなるパラミツの実は、樹木に実る果実としては地上最大です。

　散布体は種子のこともあれば、果実や果序全体、あるいは果実の一部分のこともあります。ムクロジ科カエデ属の果実は裂開しませんが、成熟すると2個の《小果実》に分かれます。散布体がどんなタイプであれ、植物が散布の際に用いる基本戦略は、自然の力に頼るか（風散布と水散布）、種子を自ら散布する力のある果実を作るか（自己散布）、適応によって動物に種子を運んでもらうか（動物散布）の4つです。種子植物の散布体の驚異的な多様性は、主にこの4つの散布様式のいずれかに適応した結果として生まれました。散布体の散布戦略はたいていその散布体の外見に反映されており、形、色、堅さ、大きさからうかがい知ることができます。

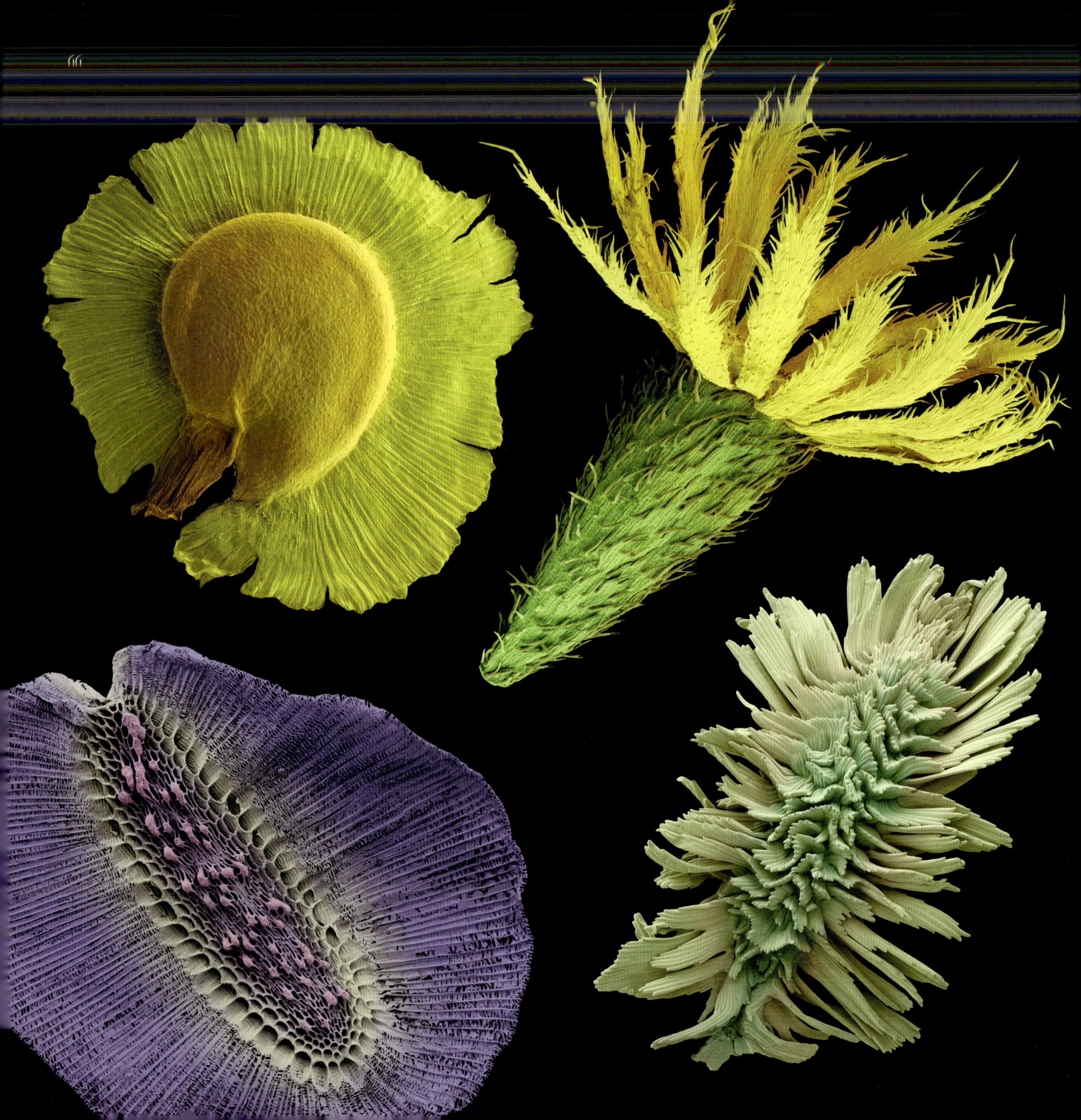

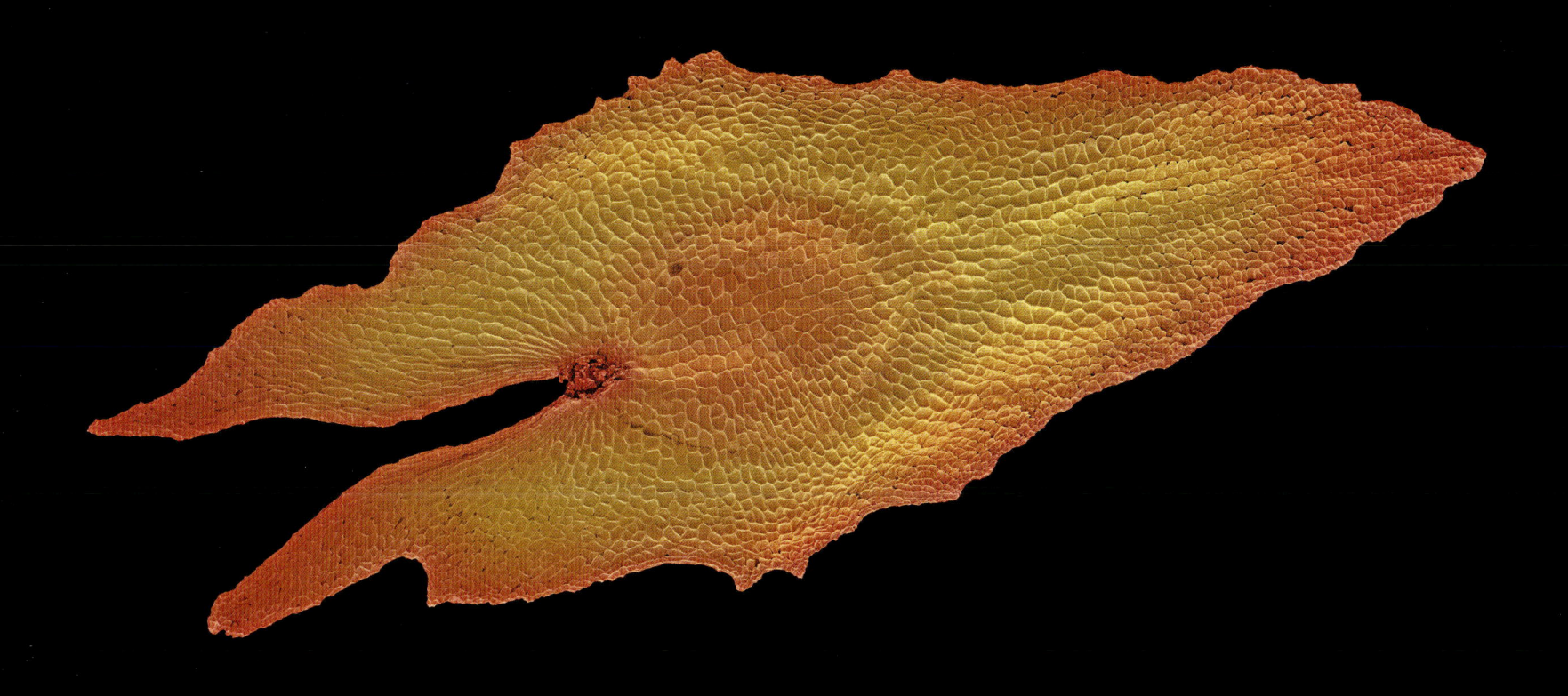

風散布

　最もわかりやすい散布体の適応のひとつが《風散布》です。散布体に装備された翼、毛、羽毛、パラシュート、風船のような空気室などは、風散布シンドロームの典型的な目印です。こうした特殊な構造には散布体の空気力学的性質を向上させる働きがあり、散布体のさまざまな部位、たとえば種子そのものや果皮、さらには果実全体に備わっている場合もあります。これらの構造は、種子や果実のどの部目の発達で形成されたかにはかかわりなく、ふつうは死んだ中空の細胞で作られ、重さを最小にとどめるために細胞壁はとても薄くなっています。

　風は子孫の命運を託すにはあてにならず予測もできない力ですが、それでも風散布には一定の利点があります。強い風や嵐は果実や種子をはるか遠くまで（ときには何キロメートルも）運んでくれます。また、風に乗る旅は安上がりです——動物を誘引するためにエネルギーに富んだ報酬を用意する必要がないからです。けれども、散布体がどこへ行くかが文字通り風任せになるという欠点があります。つまり風散布は行き当たりばったりで無駄も多いのです。風散布種子の大部分は、発芽して新しい株に生育するのに適した場所に落ちることができずに終わります。より信頼性の高い動物散布をしない風散布植物は、動物への報酬を用意せずに節約したエネルギーの一部を費やして、無駄になるぶんまで含めた大量の種子を作らなければなりません。

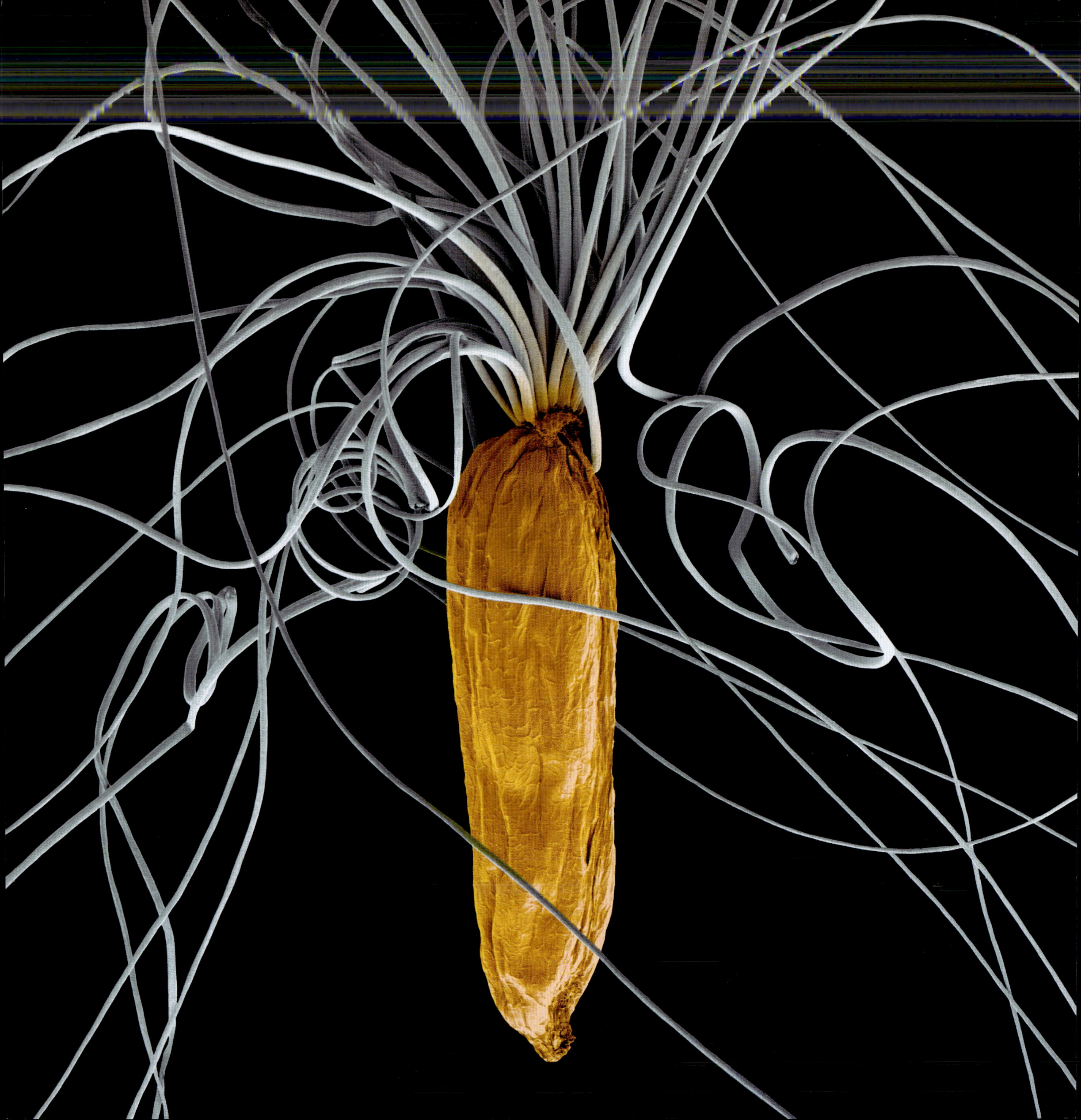

果実と種子 69

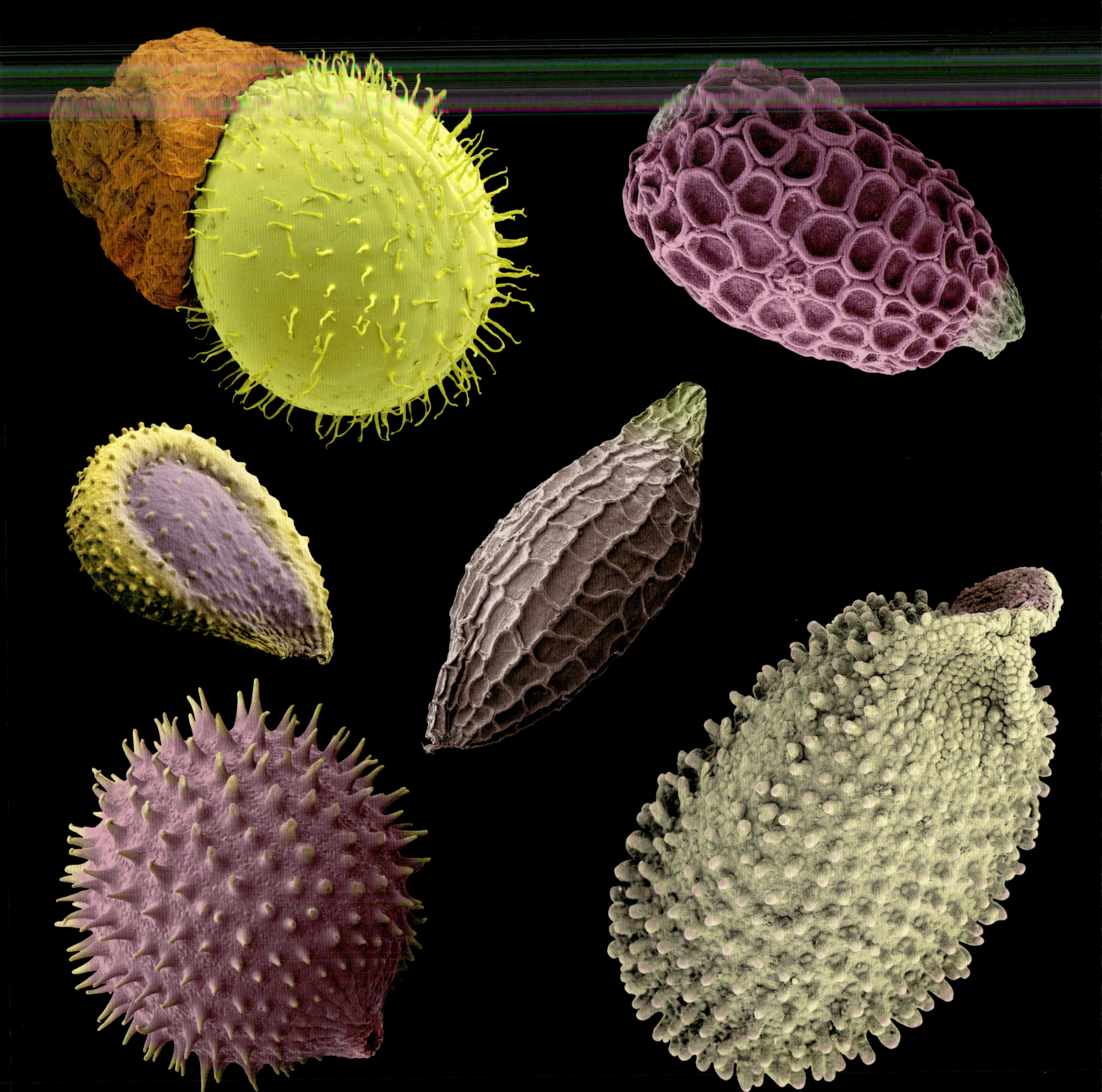

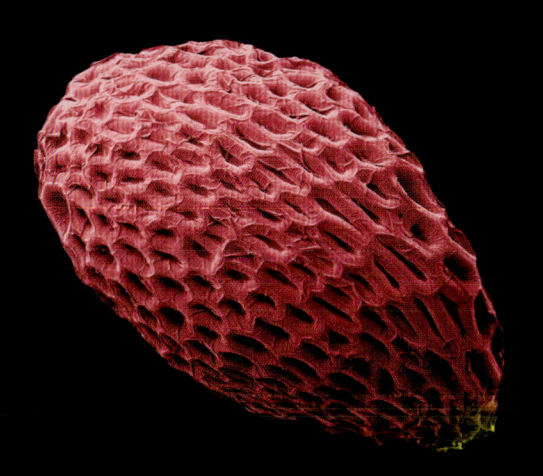

埃のような種子

　風で種子を長距離飛行させるうえで最も効果的な戦略は、極小で超軽量の種子を大量に作ることです。どのくらい小さくてどのくらい大量かイメージしやすいように例を挙げると、熱帯アメリカに生えるラン、キクノケス・クロロキロン（*Cycnoches chlorochilon*）は種子を400万個近く作りますし、カランテ・ウェスティタ（*Calanthe vestita*）などのランが作る世界最小の風散布種子は、200万個以上でやっと1gになります。こうした「埃種子」は表面積／体積比が大きく、空気中での落下速度がかなり遅くなります。たとえば微小なランの種子の落下速度は毎秒約4cmで、ニレの翼果（翼のはえたような形の果実）が毎秒67cmで落ちるのと比べてはるかにゆっくりです。空気中での浮揚力は、種子に空洞部分をつくるといった適応でさらに増強されます。空洞部分は、大きな中空の細胞、細胞間隙、胚を収めた種子中心部と種皮の間の隙間などによって作られます。空洞を備えた種子を一般に「風船型種子」と呼んでいます。空洞のない埃種子の代表例は、ハマウツボ科ハマウツボ属、モウセンゴケ科、ツツジ科の多くの種（エリカ属やツツジ属など）です。風船型種子はランが最も有名ですが、他にもタヌキモ科ムシトリスミレ属、オオバコ科ジギタリス属、シレンゲ科の一部（たとえばロアサ・キレンシス（*Loasa chilensis*）など多くの植物で見られます。

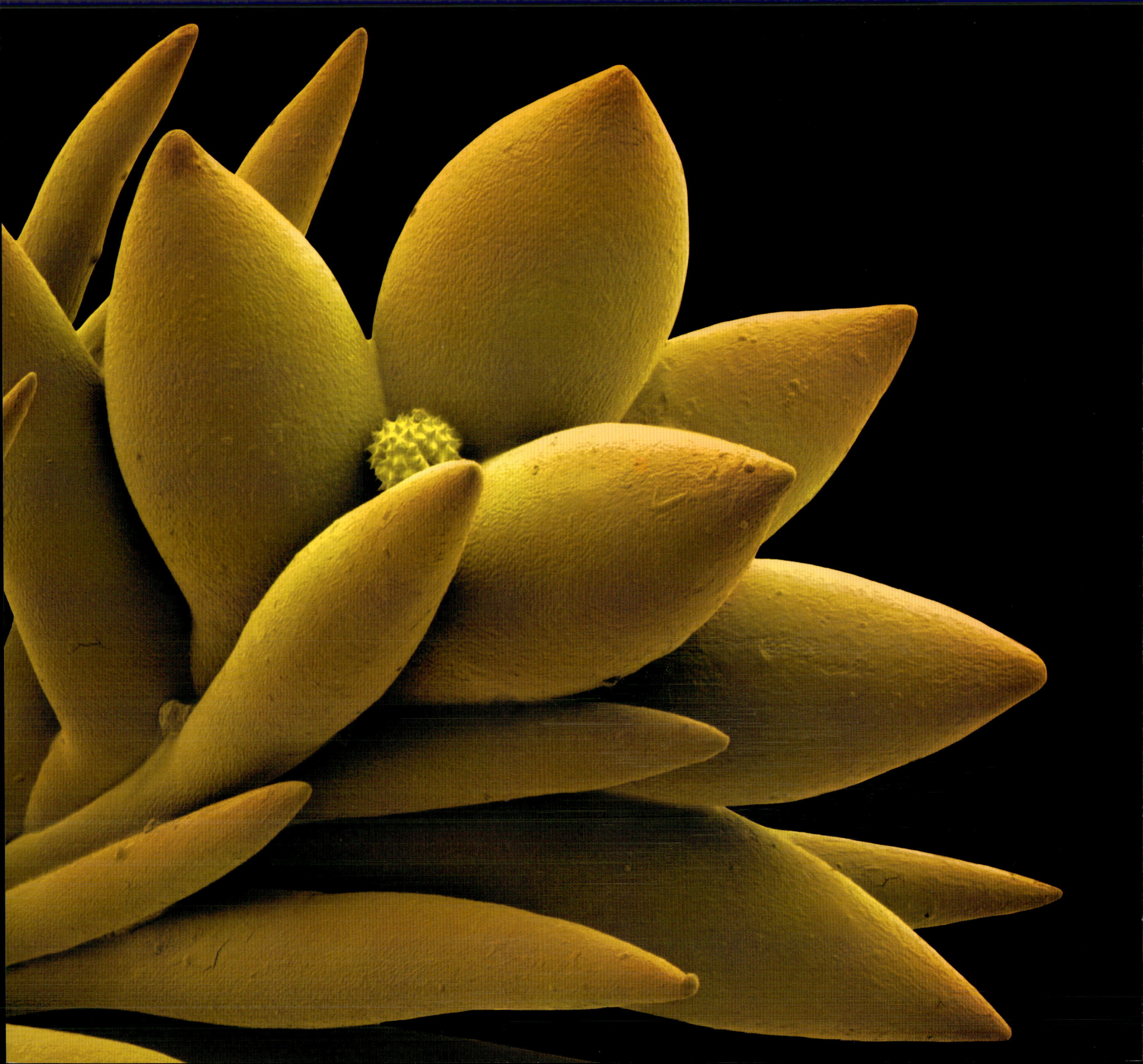

自然が生んだ傑作

　植物が風散布に適応するなかで進化させた種子の構造はとても美しく、また工学の粋を尽くした傑作に見えることもよくあります。さきほど紹介した微小な埃種子や風船型種子は、構造の点ではあらゆる種子のなかで最も驚異的な部類に含まれますが、その信じられないほどの精妙さは高倍率で拡大しなければ見ることができません。埃種子や風船型種子を作るいろいろな科同士の間にはあまり近縁関係がないにもかかわらず、それらの種子は驚くほどの収斂進化〔別々に進化したにもかかわらず結果として似た形態になること〕を示しています。というのは、このタイプの種子を作る科の大部分とまではいかなくとも、多くの科で、単層種皮に明確なハニカム（ハチの巣状）パターンがあるのです（等径のハニカムも細長いものもあります）。ハニカム形状は、荷重を支える際に最小の厚み（つまり最少の重量）で最大の安定性が得られます。ハニカム構造は無生物界でも生物界でも広く見られます。黒鉛の炭素原子の配列も、ミツバチの巣も、この形をしています。一部の花粉の表面構造にも登場しますし、現代の工学ではサンドイッチ状の構造物の安定性を確保するため内部をハニカムにする例がたくさんあります（航空機の扉や軽量コンポーネントなど）。種子の場合、ハニカムパターンを作っているのは死んで中空になった単層種皮の細胞です。種子中心に対して放射方向の壁がわずかに厚みを増す一方、接線方向の壁は薄いままに残り、極端な場合には細胞の乾燥にともなって崩壊します。そうすると内部のハニカムが見えるようになるだけでなく、種子の表面積が大きく増えて空気抵抗と浮揚性が高まります。

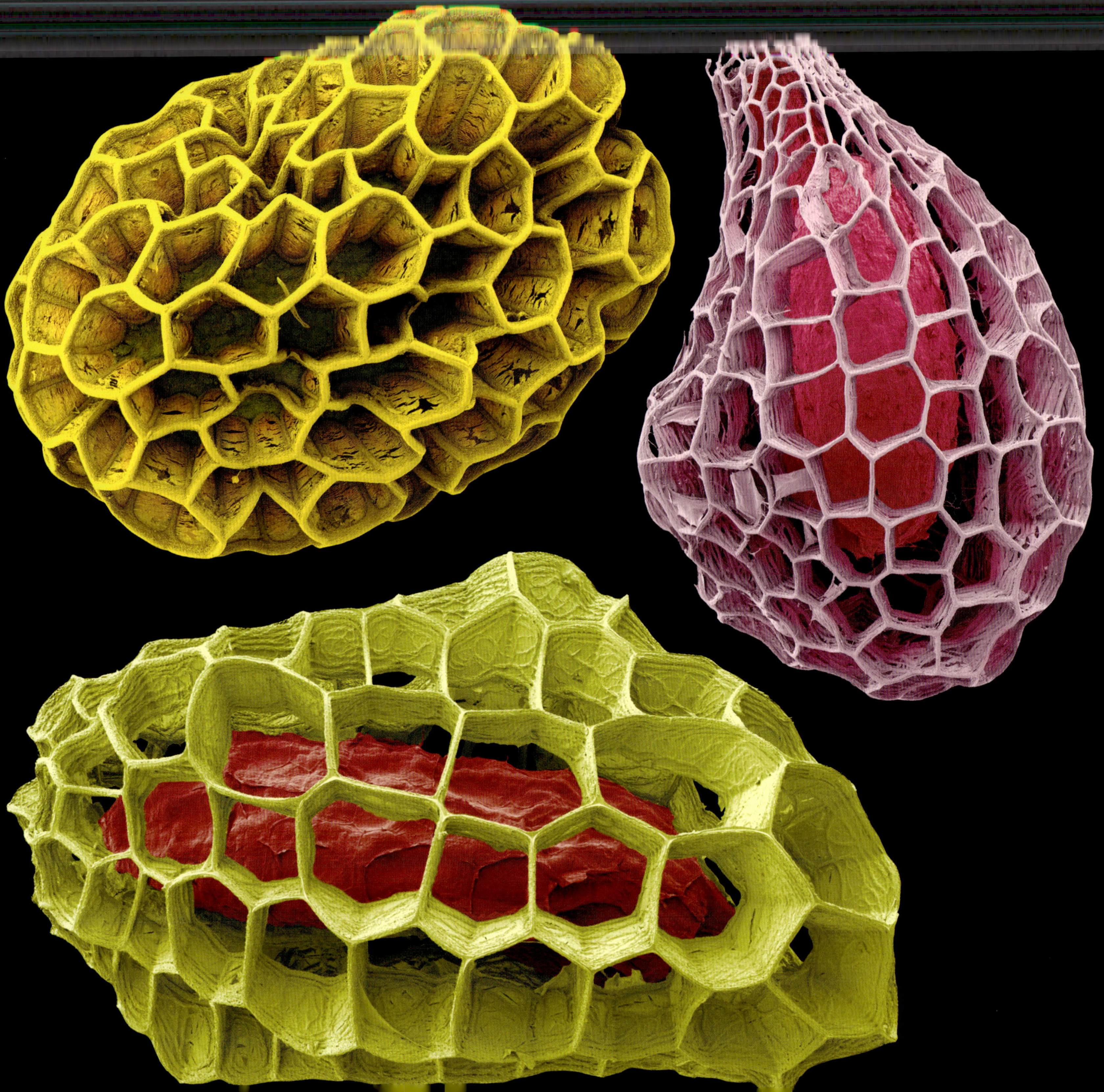

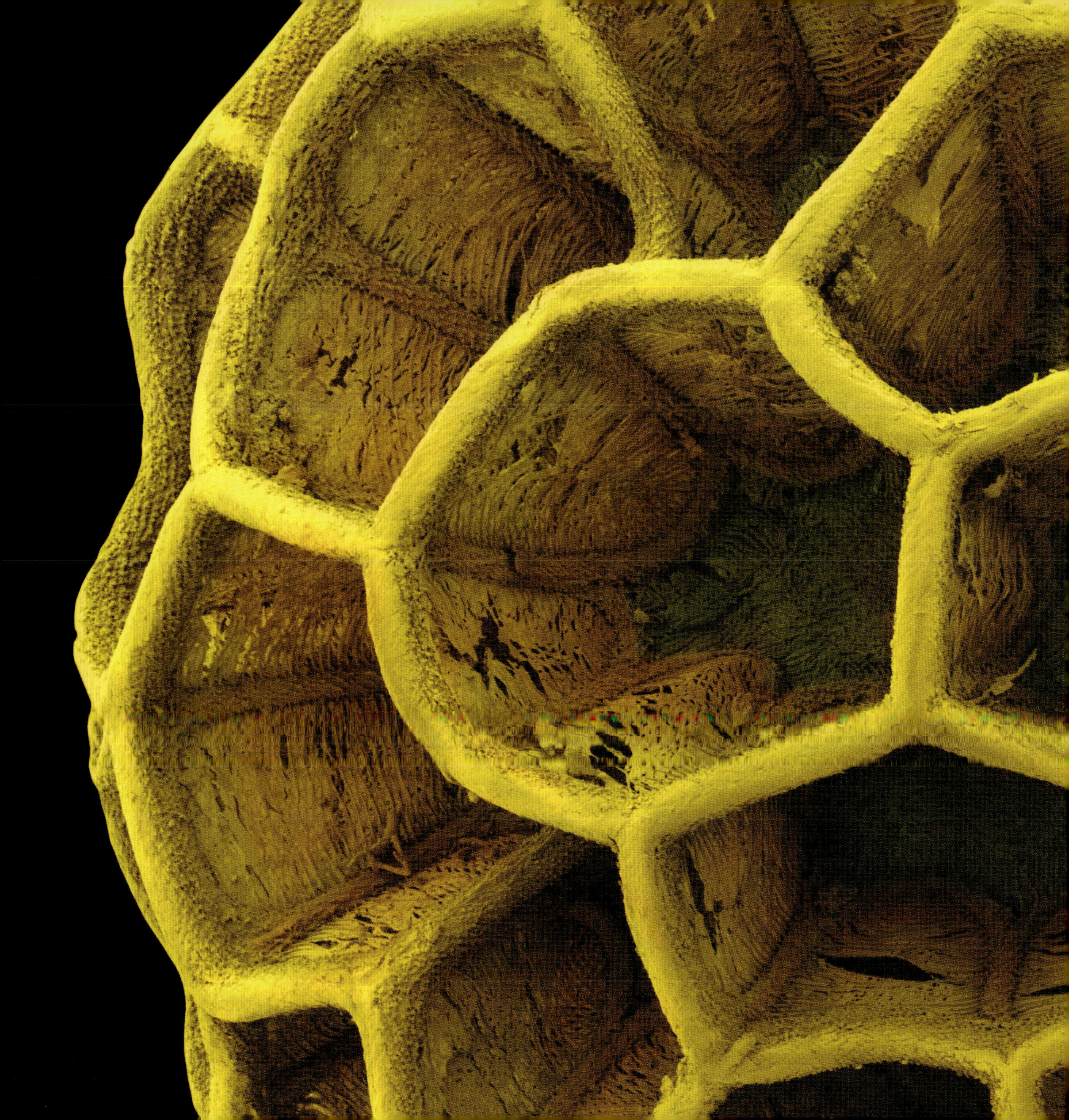

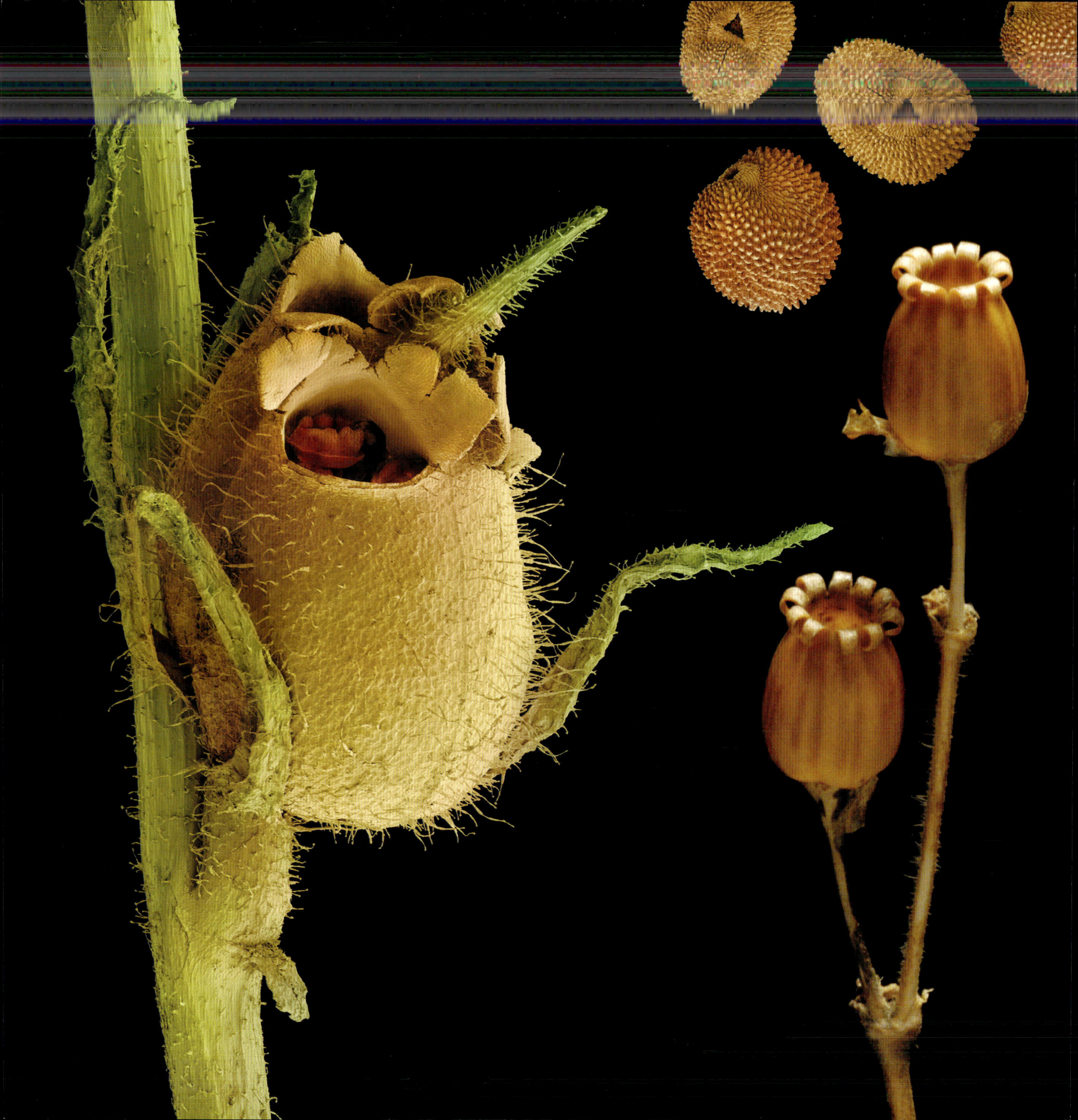

間接的な風散布

　風は、裂開果を揺らして種子をまき散らしたり射出させたりして、間接的に種子を散布することもあります。この方式は《風射出散布》と呼ばれ、しなやかな長い茎の先に蒴果をつける草本植物の多くがこのタイプです。ケシ科ケシ属の蒴果は、頂上に沿って輪状に小さな孔があいていて、それが風に揺れながらちょうどコショウの瓶のように多数の小さな種子を振り出します［左下の写真］。ケシの種子が飛び出す小さな孔の部分は、乳頭状にけば立った柱頭の名残をつけた平らな"屋根"の"ひさし"によって雨がかからないよう守られています。ナデシコ科のイヌコモチナデシコ（*Petrorhagia nanteuilii*）、マンテマ属、ナデシコ属、サクラソウ科サクラソウ属の植物も同じ戦略を採用していますが、こちらの蒴果は頂上部が歯のようにギザギザになって開き、種子の出るスペースを狭くとどめています。オオバコ科キンギョソウ属の面白い蒴果は、頂上部の弁が開いて反り返り、不規則な形の孔が3つできます。アレチキンギョソウ（*Antirrhinum orontium*）では長い花柱が残って実の先に突き出た棒のようになります［左ページの左の写真］。おそらく通りかかった動物がここをひっかけて果実を揺さぶり、より効果的に種子が散布されるのでしょう。風射出散布植物の種子の多くは表面に高度な装飾的パターンを備えていますが、形状には必ずしも果実から出た後の散布に役立つような構造変化はありません。けれども、偶然鳥やげっ歯類、甲虫に加えて蟻に食べられたり泥と一緒に動物の肢に付着したりすればかなり遠くまで旅することができます。

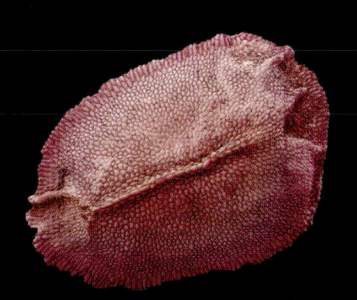

水散布

　水はいろいろな形で散布を助けます。風船型の果実・種子が持つ空気袋や、風で散布される小さな散布体の多くに見られる表面積／重量比の高さは、水に浮くうえでも有利です。羽毛や翼のついた果実や種子も、十分に小さければ、水の表面張力のおかげで長く浮いていることができます。たとえば、ナデシコ科のスペルグラリア・メディア（Spergularia media）の小さな有翼種子は何日間も水に浮いています。とはいっても、本来は風散布に適応した散布体が水で散布されるのは、あくまで偶然の成り行きです。それとは別に、水生植物、湿地や沼地の植物、水辺の植物など、《水散布》専門の特殊な適応をした植物が存在します。水散布の散布体にとって一番重要な特性は言うまでもなく水に浮くことで、表面に撥水性があればその力がさらに強化されます。水がしみこまない性質も、種子の早過ぎる発芽を防ぎ、海洋散布の場合は塩水から中身を守ります。浮力を得るための最も一般的な方法は、密閉された空気室と防水性のコルク質組織を装備することです。

漂流する散布体

　水散布の散布体にはよく鉤爪やトゲがついています。これは、錨のように働いて適切な環境に散布体を固定したり、動物や鳥の毛にひっかかって運ばれたりするためです。水生のアサザ（Nymphoides peltata ミツガシワ科）の種子はこうした適応を複数組み合わせています［右ページ左下の写真］。果実の果肉部分が腐るかカタツムリに食べられるかすると、果実の基部が開いて種子が水中に直接放出されます。種子はその平らな円盤状の形、縁に並んで生えた硬い毛、表面の撥水性によって水の表面張力を利用し、水面に浮きます。この種子は水よりも重いのに、何の障害もなければ2ヵ月も浮いたままでいられます。硬い毛は、水面で種子同士が鎖のようにつながったりイカダのようにまとまったりして流れることを可能にし、また水鳥にくっついてヒッチハイクするのにも便利です。

　熱帯の沿岸部や島嶼部には、海を渡って旅をする果実を作る植物がたくさんあります。海岸沿いに生える多くの植物の種子と果実は、最終的には海に落ちて海流に運ばれます。果実や種子が浜辺や潮だまりや干潟に落ちて、やがて潮に運び去られるのです。内陸の植物でも、種子や果実がたまたま川に落ちて海まで流されることはあります。けれども、偶然ではなくはっきりと、何ヵ月もあるいは何年も海を旅していけるように適応した散布体を作る植物もかなりの数が存在し、特

に熱帯地方に多く見られます。サキシマスオウノキ（*Heritiera littoralis* アオイ科）がつける堅果に似た防水性の果実は、長さ最大10 cmで丸い種子が1個だけ入っており、種子の周囲に広い空間があいているおかげでずっと水に浮いていられます。驚くべきことにこの果実の背側には一筋の出っ張りがあり、海上で帆船の帆のような役割をします［上の写真］。他に海洋散布に適応した熱帯の果実としては、分厚いコルクのような水に浮く組織をもつ核果もあります。このタイプの果実は、ニッパヤシ（*Nypa fruticans*）やココヤシ（*Cocos nucifera*）などヤシの仲間によく見られます。ニッパヤシは、インド洋と太平洋沿岸部の沼地のマングローブ林や、潮の干満がある河口部によく生育しています。サッカーボールくらいの大きさの果実は、成熟すると倒卵形で角のある独特な小果実に分かれます。それぞれの小果実の中の種子は散布前に発芽して先のとがった芽を出し、これが果実の分離を助けます［左ページ左下の写真］。堅い外果皮とその下の繊維質 − スポンジ質の中果皮を持つニッパヤシの小果実は海の旅にうまく適応しています。ココヤシはさらに上手な"航海の名手"で、海を渡る果実のなかでこれほど成功したモデルは他にありません。海洋散布に完璧に適応したココヤシは何ヵ月も海流に乗って漂い、ときには5000 kmも流されていきます。熱帯全域にココヤシが分布しているのは、まさにこの長距離航行能力のなせるわざです。

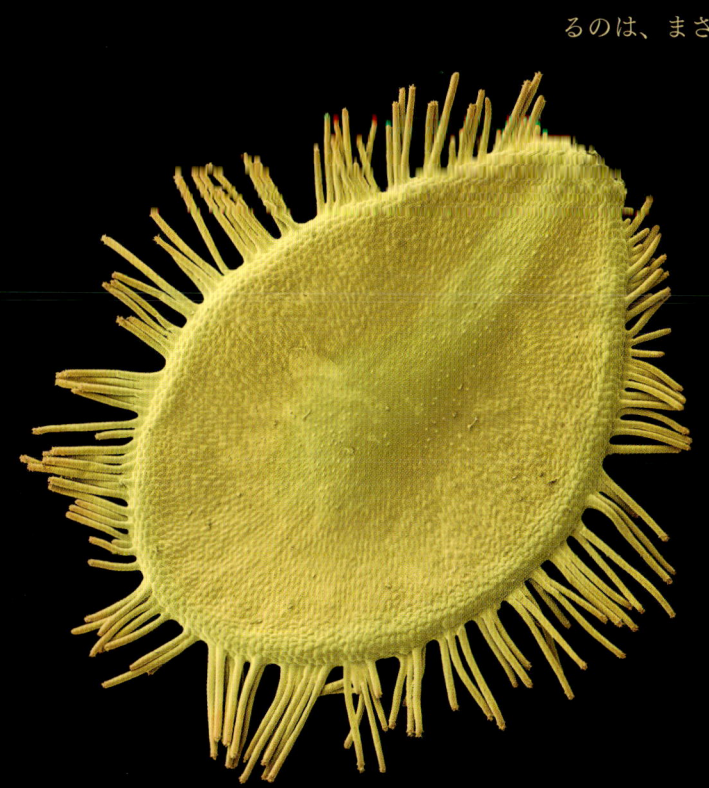

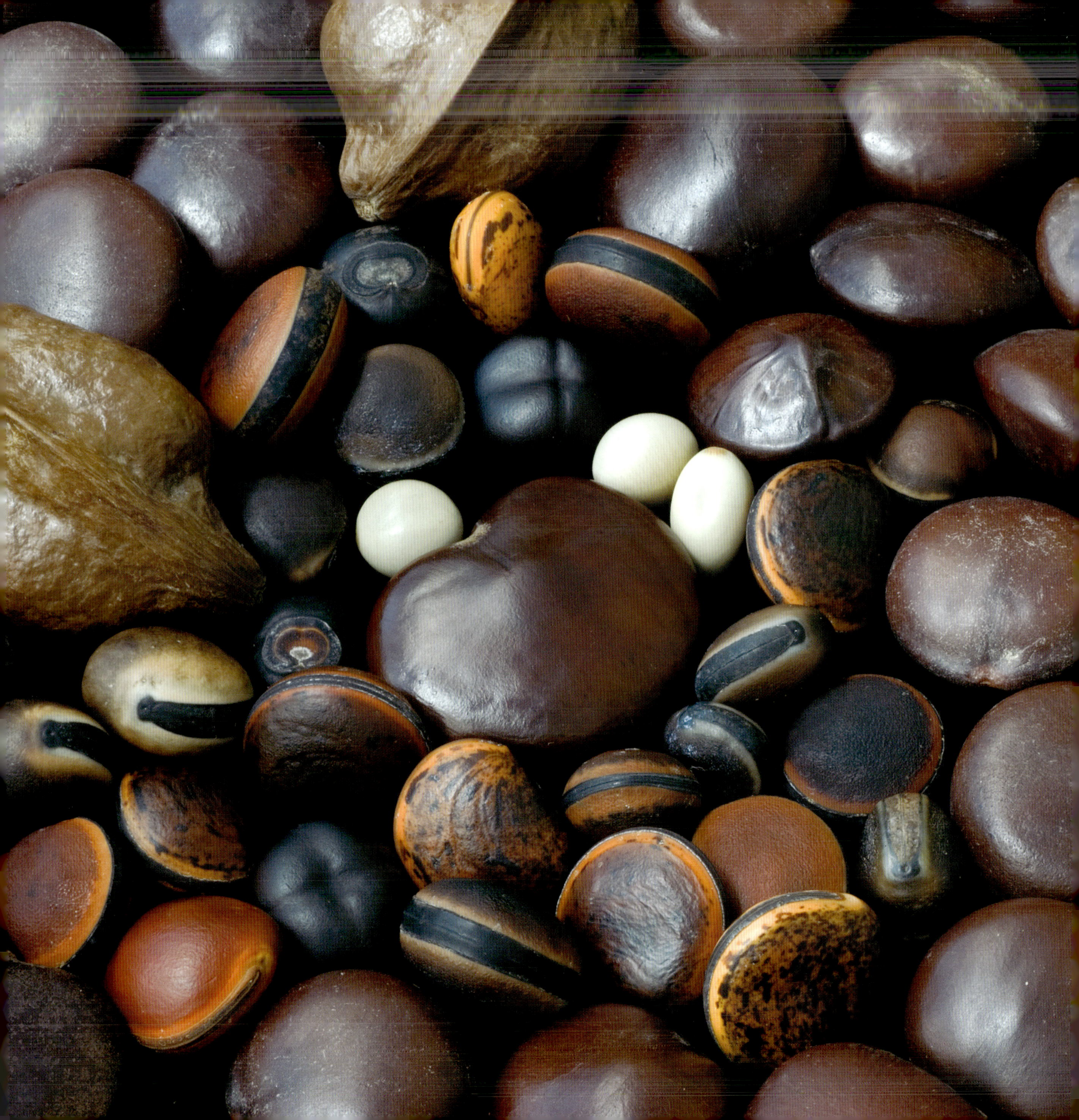

シー・ビーン

海流に乗って何千マイルも離れた異郷へたどり着くことのできる海洋航行散布体は他にもたくさんあります。チャールズ・ダーウィンは熱帯の種子がヨーロッパに流れてくるという考えに魅了されていました。南米やカリブ海諸島の果実や種子は、よくメキシコ湾流に流されて冷涼なヨーロッパ北部の海岸に流れ着きます（残念ながらそこは熱帯から来た植物が芽を出すには不向きな環境です）。新世界から一番よく届けられるのはマメ科の種子で、漂着果実や種子が「シー・ビーン」（海の豆）と呼ばれるのもたぶんそのためでしょう。こうした漂着物はひとめで地元産でないことがわかりますから、昔からずっとエキゾチックな存在で、特に中世には、来歴不明でミステリアスなことからいくつもの伝説や迷信が作られました。クリストファー・コロンブスが新大陸発見の航海に出たのはスペインの海岸に流れ着いたシー・ビーンを見つけたことがきっかけだとの説もあり、アゾレス諸島のポルトサント島では「シー・ハート」（海のハート）の別名を持つエンタダ・ギガス（*Entada gigas* マメ科）のエキゾチックな種子が「コロンブスの豆」と呼ばれています。エンタダ・ギガスは中米、南米、アフリカの熱帯林に育つ巨大なつる性植物で、その種子はヨーロッパの海岸で最もよく見つかる漂着散布体のひとつです。ハート型をした茶色い種子は大きいもので直径5cmほどもあります。種子を収める鞘も最大1.80mと、豆鞘としては世界一です。この"シー・ハート"およびアフリカやオーストラリアから流れ着く近縁のモダマ（*Entada phaseoloides*）の大きな種子は、ノルウェーをはじめとするヨーロッパ各地で彫刻細工を施され、嗅ぎ煙草入れやロケットに加工されます。イングランドではこの種子で輪型のおしゃぶりや幸運のお守りを作り、海での子どもの安全を願います。シー・ビーンの美しい形と色は、現代のボタニカルジュエリー（植物装飾品）制作者やコレクターにも高く評価されています。シー・ハートの他に特に有名なシー・ビーンとしては、ムクナ・スロアネイ（*Mucuna sloanei*）、ムクナ・ウレンス（*Mucuna urens*）、ディオクレア・レフレクサ（*Dioclea reflexa*）、ハスノミカズラ（*Caesalpina major*）、シロツブ（*Caesalpinia bonduc*）などがあります。ヘブリディーズ諸島では邪眼を退ける魔除けとしてシロツブの種子を身につけます。シロツブの色が黒に変わったら、それは持ち主に危険が迫っているしるしだと言われています。もうひとつ、「マリアの豆」と呼ばれるメレミア・ディスコイデスペルマ（*Merremia discoidesperma*）を紹介しましょう。マリアの豆はマメ科ではなく、メキシコ南部や中米の森林に生育するヒルガオ科の木質のつる性植物の種子で、シー・ビーンのなかでもとりわけ興味深い逸話を持っています。色は黒か茶色、形は丸か楕円形で、長さは20〜30mmです。最大の特徴は十字状に縦横2本の溝状のへこみがあることで、「磔（はりつけ）の豆」や「マリアの豆」という呼び名はこれに由来します。かつてはこの種子はキリスト教徒にとって象徴的な意味を持っていました。海の長旅を終えて海岸にたどりついたゆえに持ち主を守護するという信仰もありましたし、ヘブリディーズ諸島ではこの種子が安産のお守りとされ、母から娘へ何世代も受け継がれたといいます。

世界一大きな種子

漂流果実のなかで最も奇妙なものとして、世界最大の種子を内に抱えたフタゴヤシ（*Lodoicea maldivica* ヤシ科）の果実があります［左の写真］。ココヤシとはそれほど近い親戚というわけではありませんが、外見が似ているため、ダブル・ココナッツあるいはココ・ドゥ・メール（「海のココナッツ」を意味するフランス語）という別名でも知られます。ところが、ココナッツと違ってフタゴヤシの生の果実は海に浮かず、また海水に長時間浸かっていると死んでしまいます。フタゴヤシはセーシェル原産なのですが、ラテン語学名には誤解を招きやすい*maldivica*〔「モルディブの」〕という単語が使われています。これは、セーシェルが1743年に発見されるよりもずっと前の15世紀にこの実の内果皮がモルディブで見つかっていたのでそこから学名が付けられたためです。実際にフタゴヤシが生えているのはセーシェル諸島のプララン島とキュリーズ島という2つの島だけです。フタゴヤシの実は、巨大さだけでなく不思議な形でも有名です。女性のお尻を連想させるその形からはいくつもの迷信が生まれました。マレー半島や中国の船乗りは、この実は海中に生えるココヤシに似た神秘的な木にできるのだと考えました。ヨーロッパでは、この果実には薬効があり内胚乳は解毒剤になるとされていました。フタゴヤシの種子は世界最大の種子ですが、巨大な内胚乳（栄養組織）の中に埋め込まれた胚はとても小さいのが面白いところです。では、種子植物のなかで世界一大きな胚を持っているのはどれかというと、アメリカ大陸の熱帯地域に生えるマメ科の大きな木、モラ・メギストスペルマ（*Mora megistosperma*、別名 *Mora oleifera*）で、種子は長さ18cm、幅8cm、重さ1kgにもなります［右と下の写真］。この種子の大部分を占めているのは2枚の分厚い子葉で、その点は私たちの身近にあるマメ（ダイズやエンドウマメやラッカセイ）と一緒です。唯一異なるのは、2枚の子葉の間に空気で満たされた空洞があることです。これは生育地である潮汐湿地への適応で、空洞のおかげで種子は海水に浮きます。

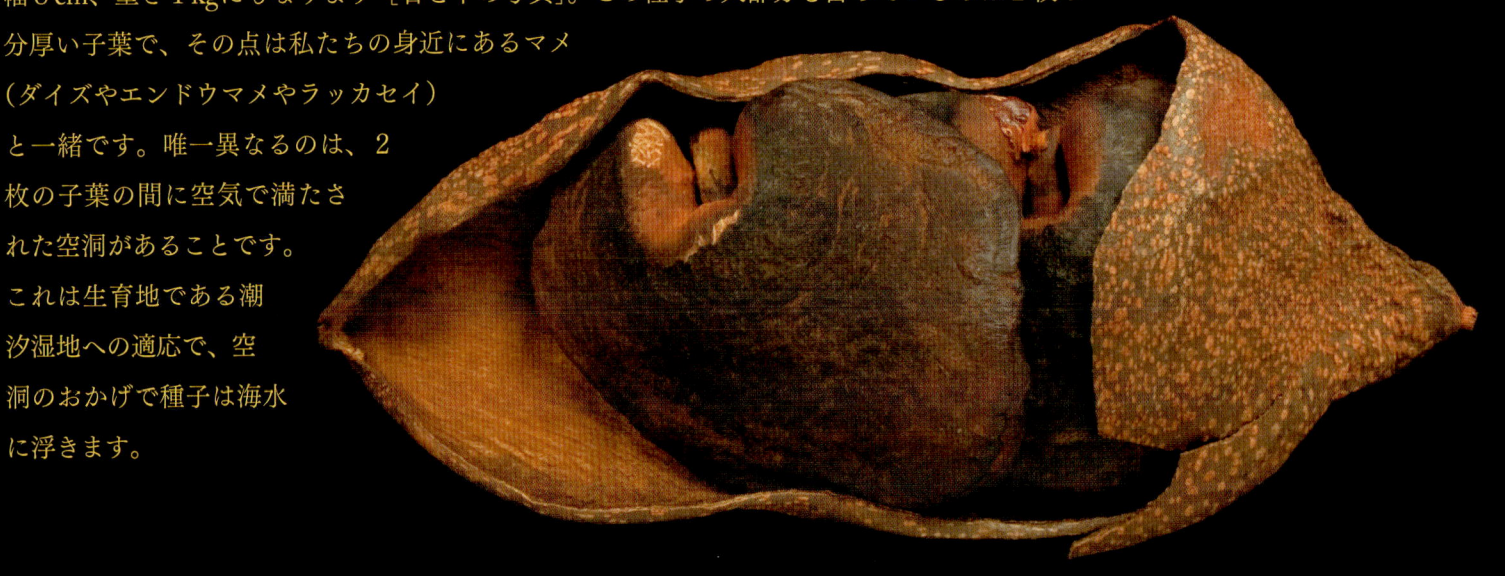

破裂戦略

植物のなかには、種子を自力で散布する仕組みを発達させた種もあります。《自己散布》はあまり進んだ方法には思えないかもしれませんが、植物が自ら種子を射出する際には非常に複雑なメカニズムが働いています。果実が破裂するように開いて種子を飛ばす方式は《弾道散布》と呼ばれます。破裂のメカニズムには、死んだ組織が乾燥していく際の受動的な変化（水分含有量）によるものと、生きた細胞内の内圧（膨圧）を高める能動的作用によるものとがあります。マメ科の植物には好奇心旺盛な子供を喜ばせる破裂の身近な例が多く、ルピナス属、ハリエニシダ（*Ulex europacus*）、ジャコウエンドウ〔スイートピー〕（*Lathyrus odoratus*）などが有名です。果実を構成するふたつの部分が乾燥するにつれて異なる方向へ収縮して、ねじれるように引っ張りあい、最後に突然分離して、勢いよく種子を射出します。とはいえ、種子が飛び散る距離はとても短く、せいぜい2m程度です。熱帯に行けばもっとパワフルな自己散布が見られます。トウダイグサ科のスナバコノキ（*Hura crepitans*）の果実はミカンくらいの大きさですが、熟すとものすごい勢いで破裂し、種子は最大で14mも飛んでいきます。マンサク科では、特殊化した内果皮が弾道散布の原動力になります。この科の蒴果はゆっくり裂開するのですが、開いてからさらに乾燥すると、堅い内果皮が変形して、2つの子房室に1個ずつ入った種子を万力のようにはさみます。そして徐々に圧力が高まり、ついに型くずれした種子が突然激しく押し出されて、弾道軌道を描いて飛んでいきます。一方、多肉質の果実が生きた細胞内の圧力を能動的に高め、ほんのわずかな刺激でも破裂する例は、ツリフネソウ科ツリフネソウ属の植物〔ホウセンカやインパチェンスなど〕が有名です。熟した果実を刺激すると、瞬時に裂開してくるりと丸まり、四方八方に種子を飛ばします。破裂寸前の果実はとても敏感で、通りかかった動物、風、はては近くの果実から放出された種子までが破裂の引き金になります。また、ピクルス用の小さなキュウリくらいの大きさのテッポウウリ（*Ecballium elaterium* ウリ科）の果実は、シャンペンのコルク栓を抜くように果実から果茎がポンとはずれると、果実の付け根にあいた狭い開口部から内部の液体と種子を激しい勢いで噴出させます。

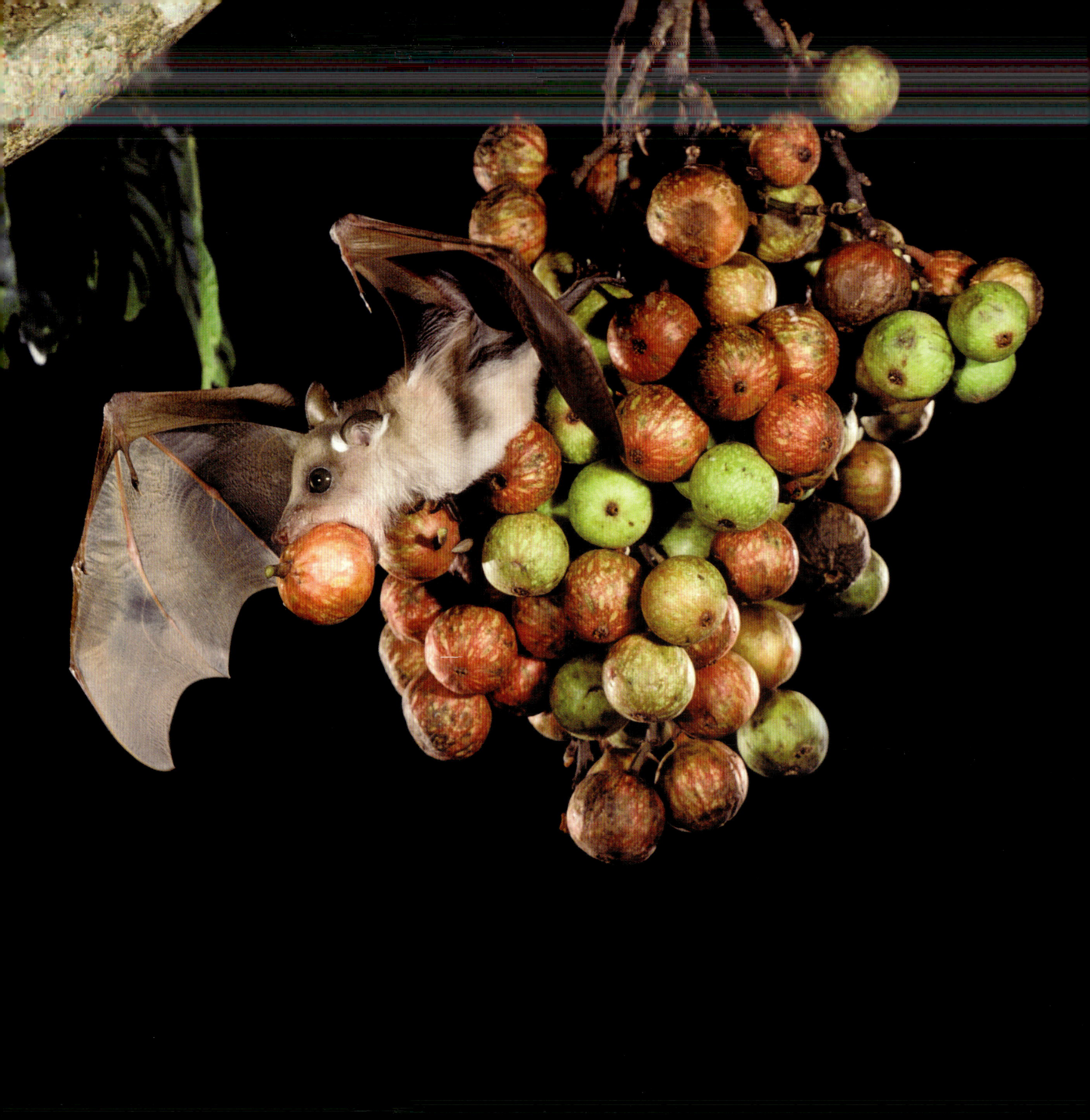

動物を運び屋に

　風散布や水散布は、生態環境によっては有利に働き、多くの植物のライフスタイルに適しています。たとえば北米の温帯落葉樹林では、木本(もくほん)植物のうち約35パーセントが風散布の果実または種子を作ります。それでも、風や水による散布はロスが多く、風や水流の強さ、方向、発生頻度などがその都度違うので予測不可能です。無作為にばらまかれた種子のほとんどは発芽に適さない場所で最期を迎え、無駄になってしまいます。弾道散布も、同じくらい無作為なうえ散布距離もたいして長くありません。動物を利用する散布は、動物による送粉と同じく、非生物散布のこうした不確実性の多くを回避できてはるかに効率的です。動物には一定の行動パターンがあり、風や水ほどでたらめではありませんから、《動物散布》は風散布や水散布に比べて無駄がずっと少ない方法です。動物散布に適応した散布体をつける植物は、種の生き残りを保証するために作る種子の数が比較的少なくてすみます。種子や果実の材料とエネルギーのコストを節約できれば、その植物種は進化の上で大いに有利です。ですから、植物が種子を動物に運ばせるために編み出した戦略が驚くほど幅広く多彩なのもうなずけます。鳥の羽根や哺乳類の毛や皮膚にひっかかってヒッチハイクする種子もあれば、おいしい果肉に包まれて動物に食べられ、消化管を通っている間に運んでもらう種子もあります。

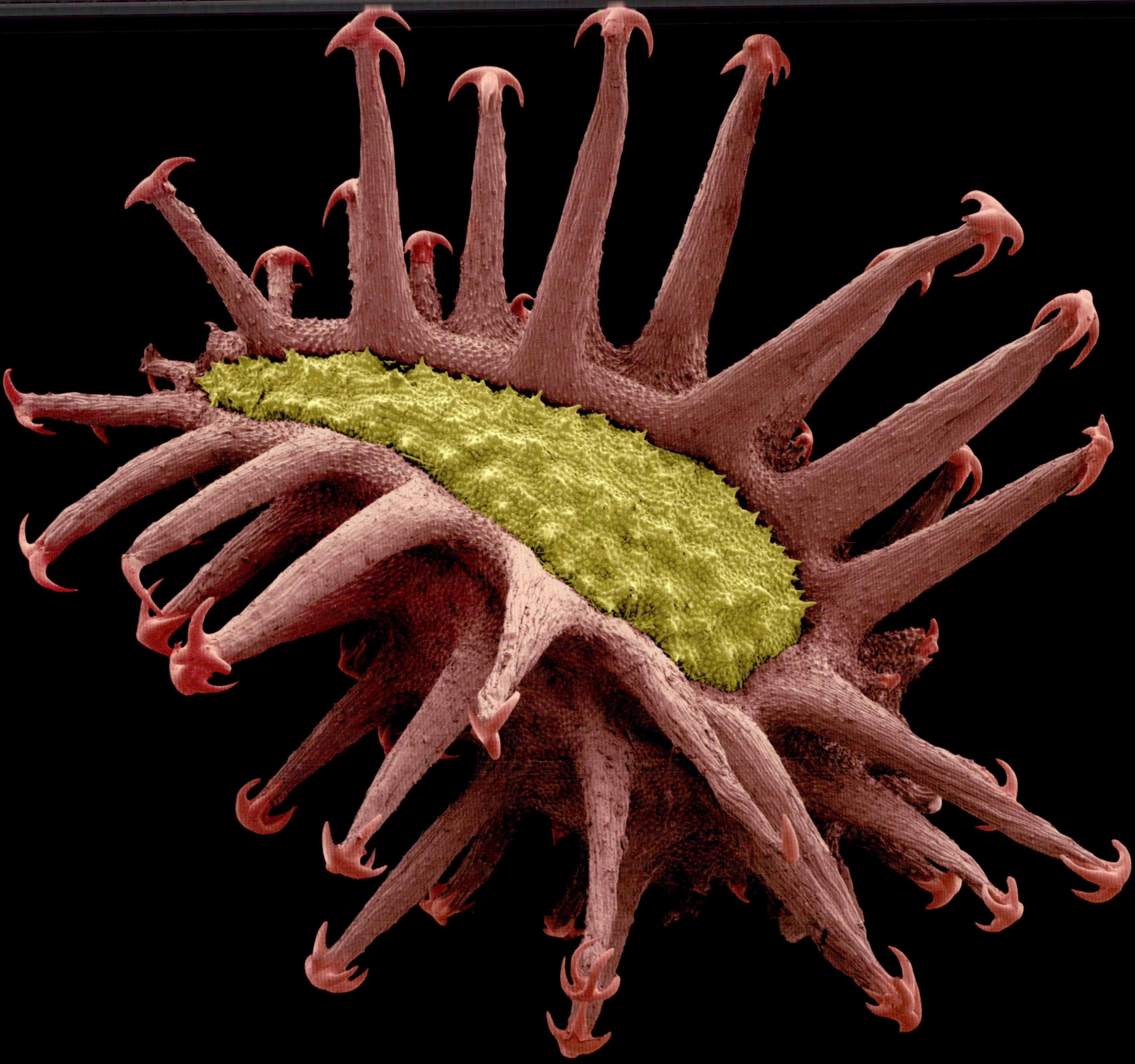

しがみつくヒッチハイカー

《動物付着散布》、つまり動物にタダ乗りするヒッチハイクは、コスト効率が高いうえ、必ずしも特殊な適応を必要としません。特定の散布の仕組みに適応した形状変化のないごく小さな散布体でも、泥に混じって動物の肢や水鳥その他の鳥の毛に付着すれば"密航者"として旅ができます。草食動物が草を食べるときに、そこに落ちていた小さな種子も一緒に飲み込めば、期せずして散布が実現されます。丈の低い植物の散布体は、通りかかった動物にくっつくよう特別に変形していることがよくあります。多肉質の果実や種子と違って、付着型の散布体は"運び屋"の動物を引き寄せるための"食べ物"を備えていませんから、動物が知らぬ間に散布体に取り付かれるという偶然に頼った散布だと言えます。動物付着散布は生理学的に安上がりなだけでなく、もうひとつ大きな利点があります。多肉質の散布体は動物の消化時間（食べてから排泄までの時間）によって散布距離が限られるのに対し、付着ならそれがないのです。くっつきヒッチハイカーの大部分は自然に落ちますが、そうでない場合、動物が毛づくろいで落とすまで、毛が生え変わるまで、あるいはその動物が死ぬまで、付着したまま長距離を旅することが可能です。動物付着散布を示す典型的な適応は、散布体に鉤(かぎ)やかえしや棘(とげ)や粘着物質を装備するというものです。晩夏から秋にかけて野原を散策した後のズボンや靴下に目をやれば、見本がよく見つかります。はがしにくい散布体として温帯で一番よく出くわすのは、アカネ科のシラホシムグラ（*Galium aparine*）［このページの写真］、ムラサキ科のオオルリソウ属とイワムラサキ属、セリ科の野生ニンジン（*Daucus carota*）、バラ科のアグリモニア・エウパトリア（*Agrimonia eupatoria*）、そ

だけです。こうした散布体の微小なひっつき構造に着目したスイスの電気技師ジョルジュ・ド・メストラルは、1950年代にフックとループを使う面ファスナー「ベルクロ（Velcro®）」を発明しました。さて、散布体が動物に取りつく方法は鉤だけではありません。種子散布のためにもっと残酷な手段を発達させた植物も存在します。

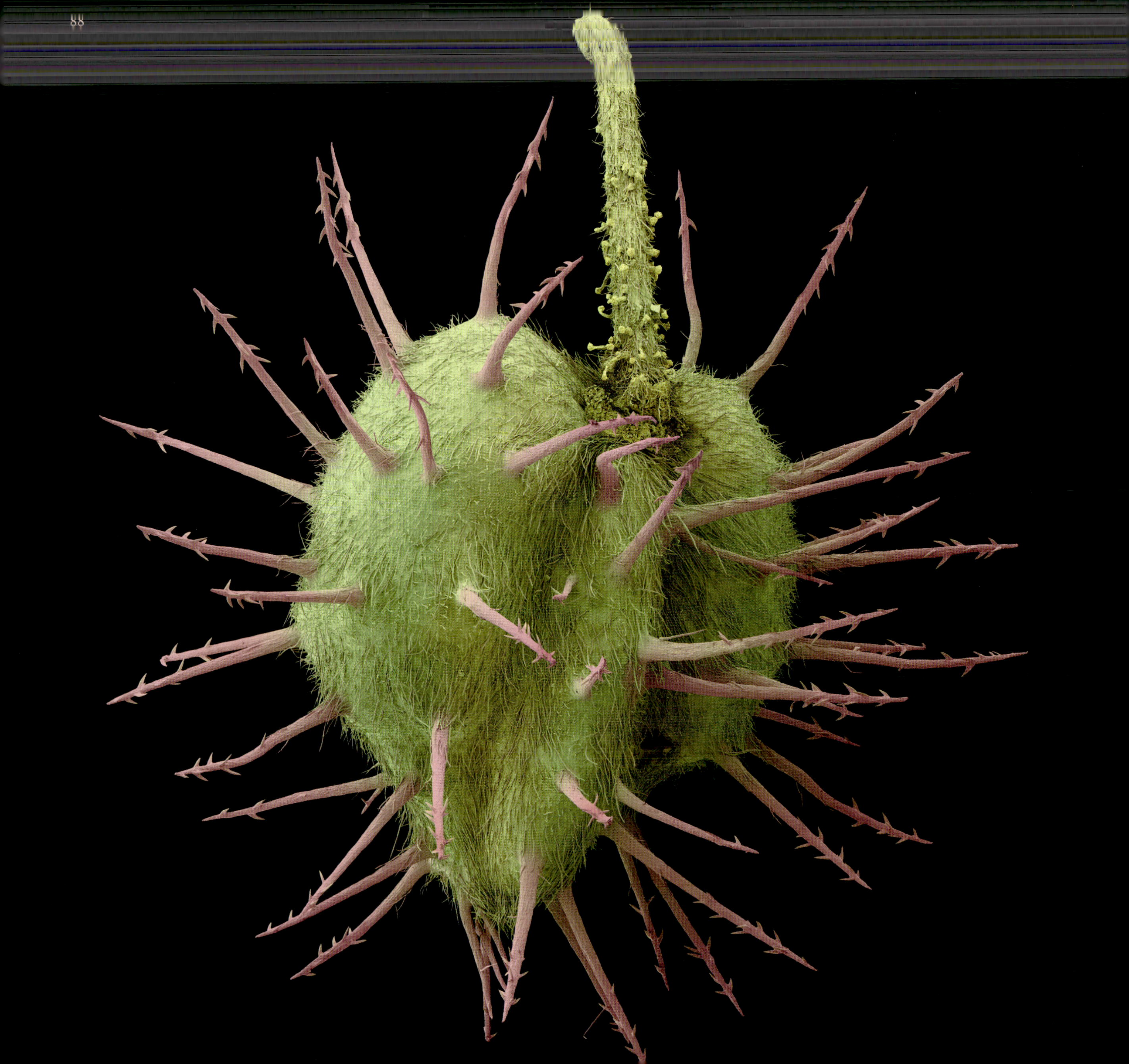

果実と種子 89

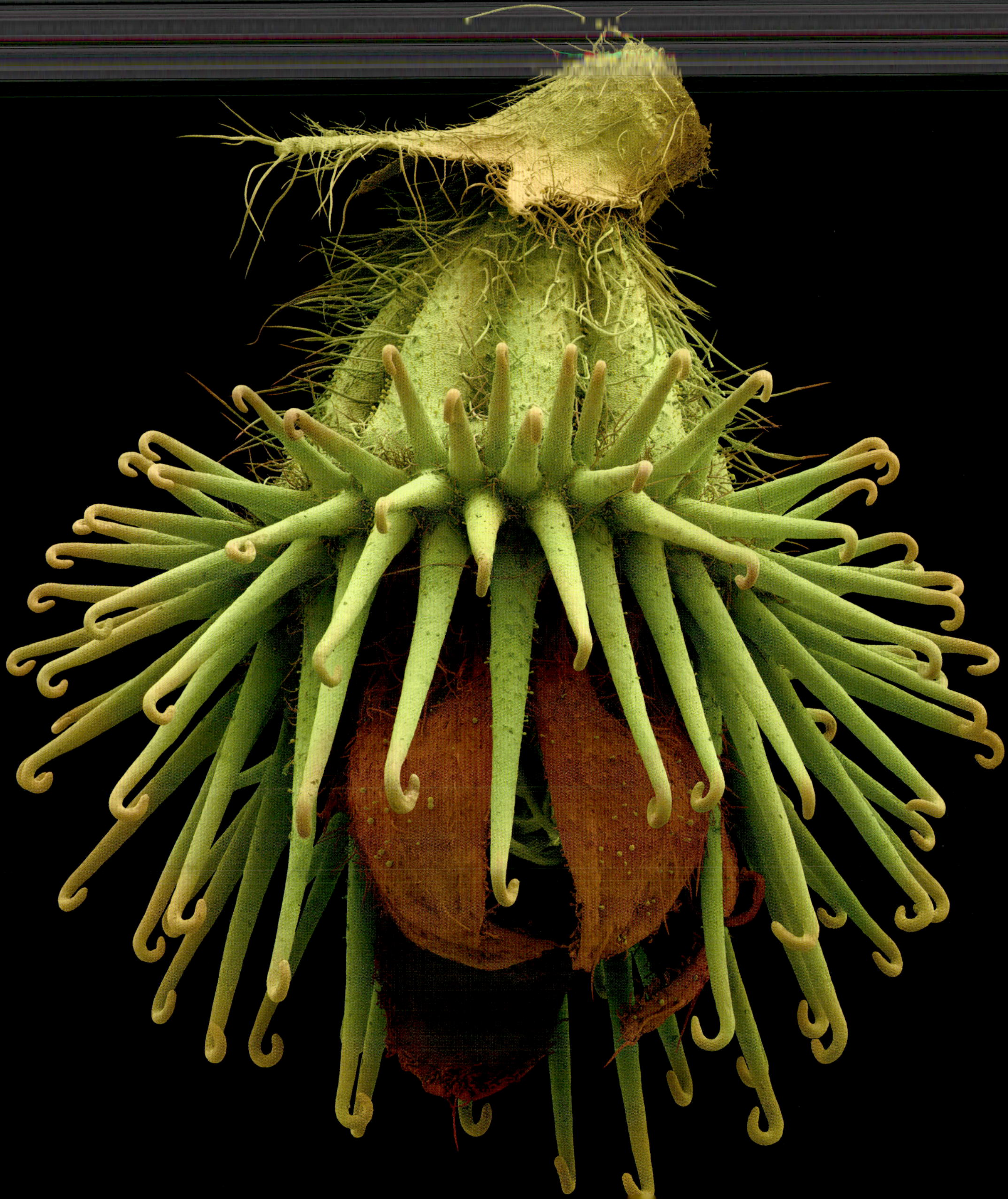

果実と種子 91

92

鉄菱と悪魔の爪
――サディスティックな果実たち

世界には肉に食い込む恐ろしい棘を持つ散布体がいろいろあり、互いに近縁関係のないいくつもの科の植物がそうした散布体を作ります。ヨーロッパ、アフリカ、アジアの温暖な地域に分布するハマビシ（*Tribulus terrestris* ハマビシ科）は、悪魔のような非道な散布体を作ることからデビルズ・ソーン（悪魔の棘）やカルトラップ（鉄菱）という名で知られています［右下の写真］。ハマビシの《分離果》は、成熟すると非裂開性の小堅果5個に分かれます。それぞれの小堅果は大きな棘2本とそれより小さめの棘数本で武装していて、地面に落ちると、中世の鉄菱のようにどの面が下になっても必ずどれかの棘が上を向き、動物の足や人間の靴底に刺さります。この"棘のあるヒッチハイカー"は、ハンガリーの平原で暮らす牧羊業者の悩みの種です。羊の足を傷つけ、歩けなくしてしまうからです。

世界最大の鉤爪を持ちデビルズ・クロー（悪魔の爪）の異名をとる果実は、アメリカ、アフリカ、マダガスカルの熱帯・亜熱帯域の半砂漠、サバンナ、草原で見ることができます。新世界のデビルズ・クローはツノゴマ科ツノゴマ属に属し、特にツノゴマ（*Proboscidea louisianica*）とそれよりやや小型のマルティニア・アンヌア（*Martynia annua*）が有名です。南米では、ツノゴマの獰猛な兄弟であるイビケラ属のキバナノツノゴマ（*Ibicella lutea*）などが似た形のデビルズ・クローを作り、こちらはときにユニコーン・フルーツとも呼ばれます［未熟な間はツノが分かれておらず1本なため］。未熟な果実は、緑色で無害に見えます。この植物の本性が明らかになるのは、成熟した果実が多肉質の外側部分を脱ぎ捨て、捻じれた形の内果皮をあらわにしたときです。内果皮の先の方は細長いクチバシのような形で、やがてそれが中心線から左右2本に分かれて、鋭い先端を持つ湾曲した鉤爪が現れます。鉤爪が開いたら果実は準備完了、いつでも動物の毛や足にひっかかったり、皮膚に食い込んだりできます。

旧世界のデビルズ・クローはゴマ科に属しています。お察しのとおり、ゴマ科とツノゴマ科は近縁です。マダガスカル原産のゴマ科ウンカリナ属が作る果実はミニチュア機雷のような形で、四方八方へ伸びた長い棘の先に尖った鉤爪がついています。残虐さで右に出るものがないのはアフリカ南部に生えるハルパゴフィトゥム・プロクンベンス（*Harpagophytum procumbens*）の果実で、後になってから裂開する木質の蒴果にはたくさんの太い棘があり、先端には先のとがった曲がり鉤がついていて、うっかり踏んだ不運な動物に大怪我を負わせます［上の写真］。

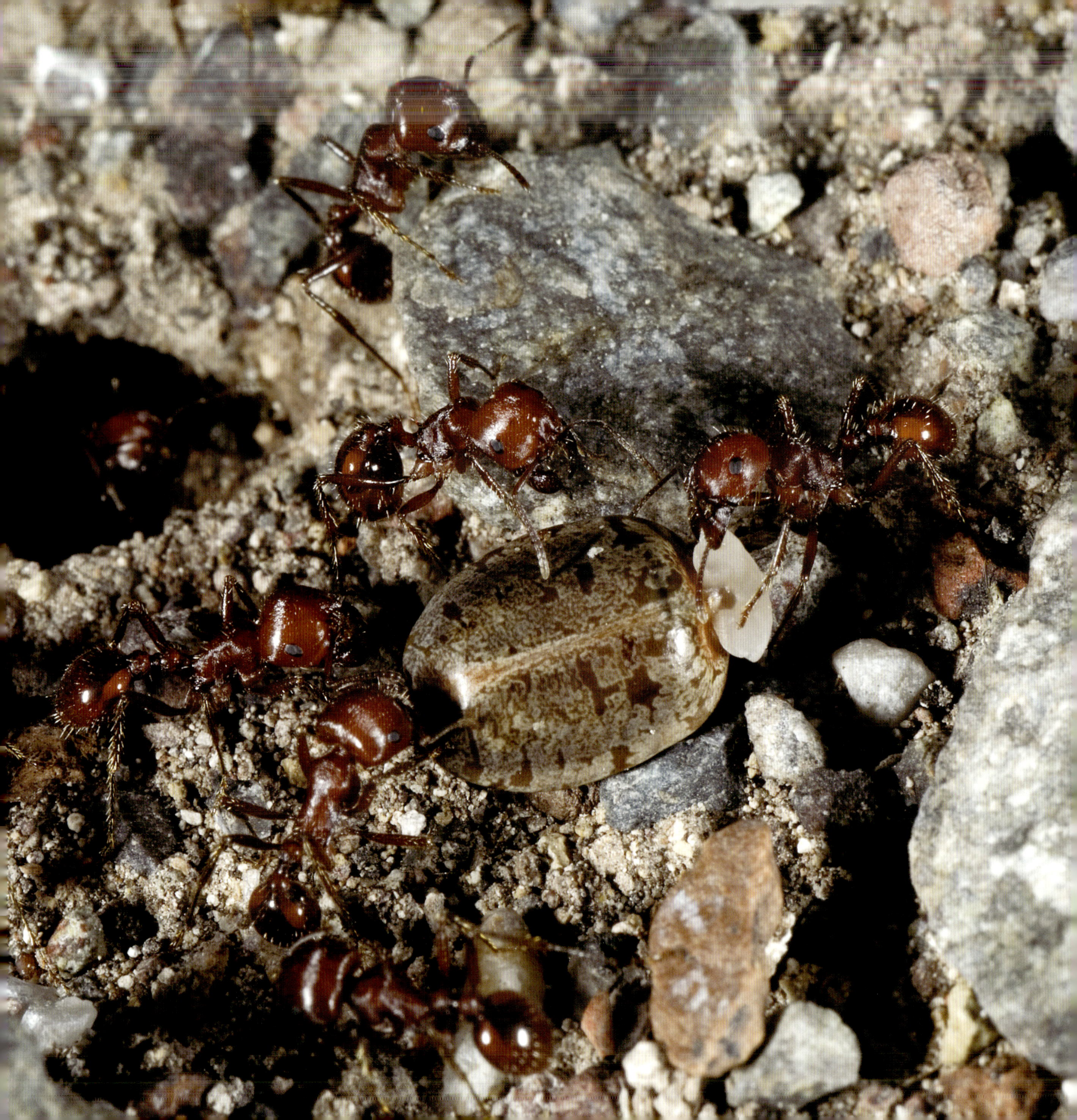

ムチよりもアメ

　動物散布は、動物の移動能力にちゃっかり便乗するものばかりではありません。動物散布を採用した植物の大部分は、パートナーの生き物との間に互恵関係を発達させています。運んでもらう代わりに、動物に「食べられる報酬」を提供するのです。

小さな助っ人、小さな報酬

　注意深く観察すると、多くの植物の種子──特に乾燥した環境に生育するもの──には、油脂分の多い黄白色の小さな塊がついているのがわかります。1906年にスウェーデンの生物学者ルトガー・セルナンデルはこの奇妙な付属物の背後にある戦略を解明し、《アリ散布》と名付けました。アリが油脂の小塊のついた種子にたまらない魅力を感じ、熱心に種子を集めては巣に運び込むことに気付いた彼は、その小塊をギリシャ語を語源とする《エライオソーム》という名で呼びました。決まった型をなぞるようなこのアリの種子運搬行動は、エライオソームの中のリシノール酸という物質によって引き起こされます。何百万、何千万年もの共適応の結果、アリ散布植物は、エライオソームの組織内にアリの幼虫の分泌物に含まれるのと同じ不飽和脂肪酸を作れるように進化したのです。働きアリは、種子を巣に運び込むと栄養のあるエライオソームだけを取りはずします。脂肪油、糖分、タンパク質、ビタミンが豊富なエライオソームの組織はアリが食べるのではなく、幼虫の餌として使われます。エライオソームをはずされた種子は堅い種皮に守られて無傷なままですが、アリにとっては用済みですから、地中あるいは地上にある"アリのごみ捨て場"に捨てられます。ごみの山の中の有機物はよい肥料になり、ただの土よりも発芽しやすい環境で種子は目覚めることができます。

　アリ散布の種子は、なんといってもアリが運べるくらい小さくなければなりません。アリ散布への適応は、ヨーロッパと北米の温帯落葉樹林に生える草本植物に広く見られます。オーストラリアの原野や南アフリカのケープ地方のフィンボスのように野火が頻繁に起きる乾燥環境では、アリ散布がさらに重要な役割を果たします。地下のアリの巣に種子が運ばれていれば、野火で焼かれたり、種子を食べる齧歯類などの動物の餌食になるリスクが大幅に減るからです。アリを引き寄せるための種子付属体〔エライオソーム〕は、トウダイグサ科をはじめとしていろいろな科の植物で見られます。

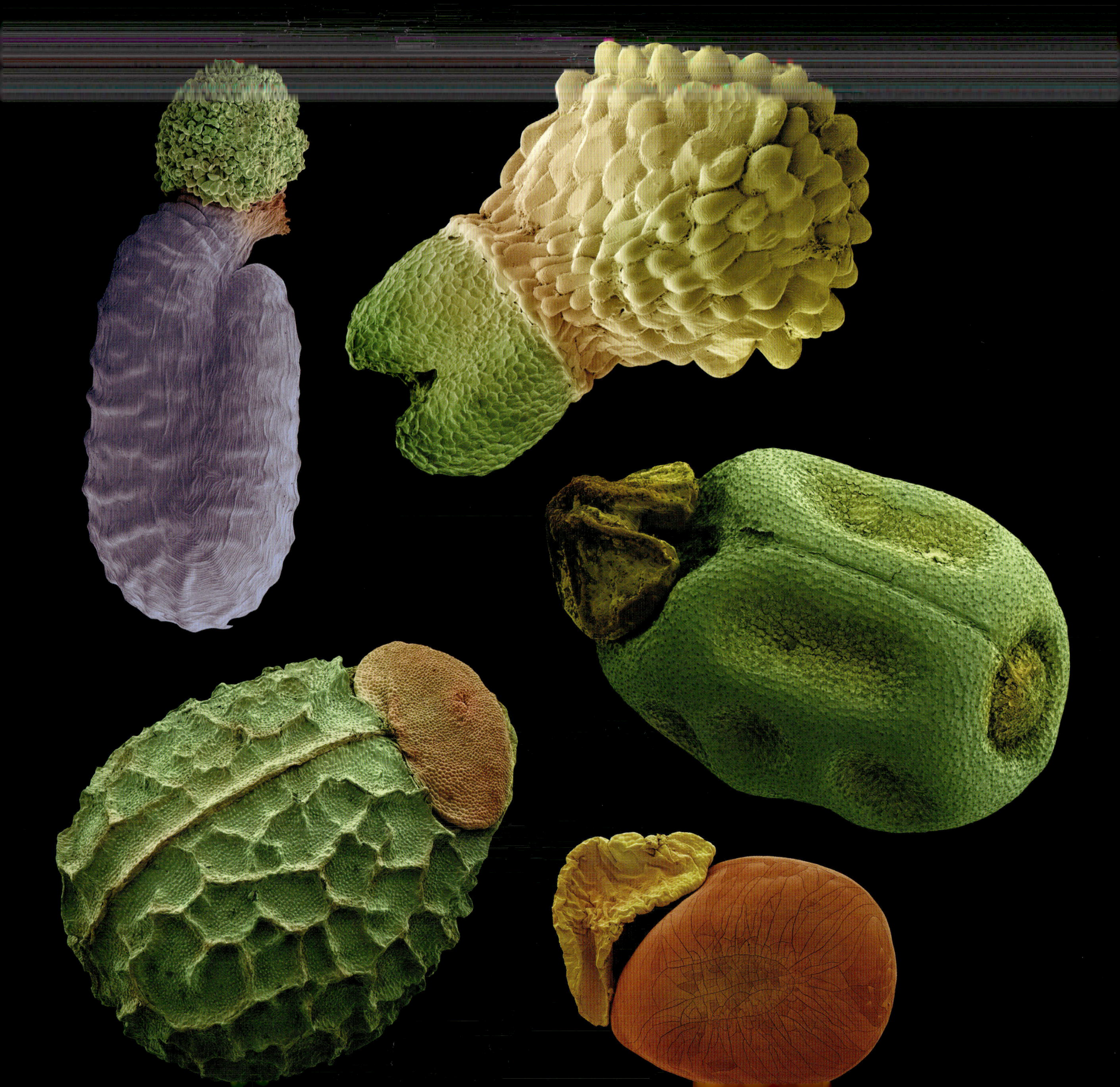

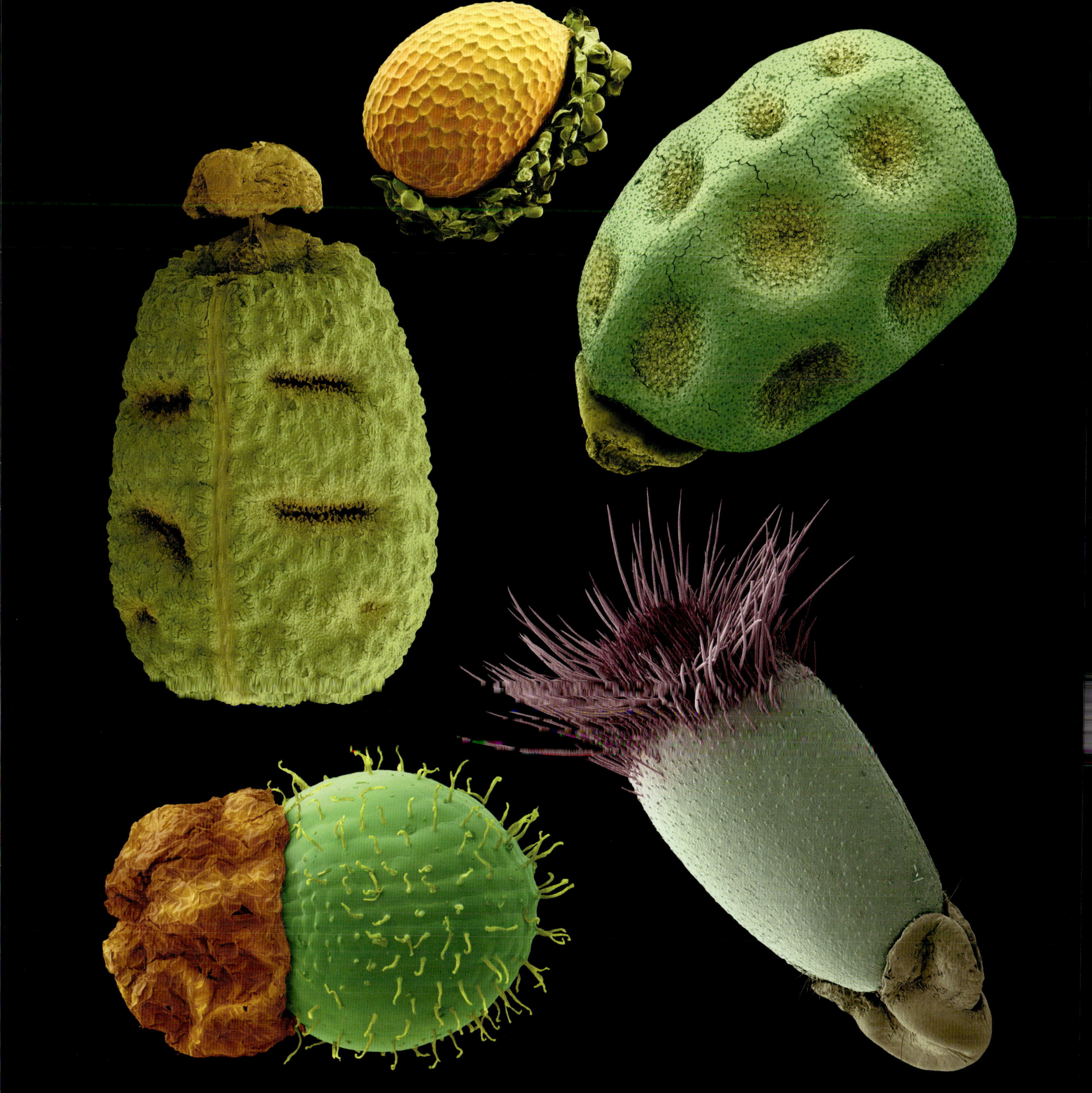

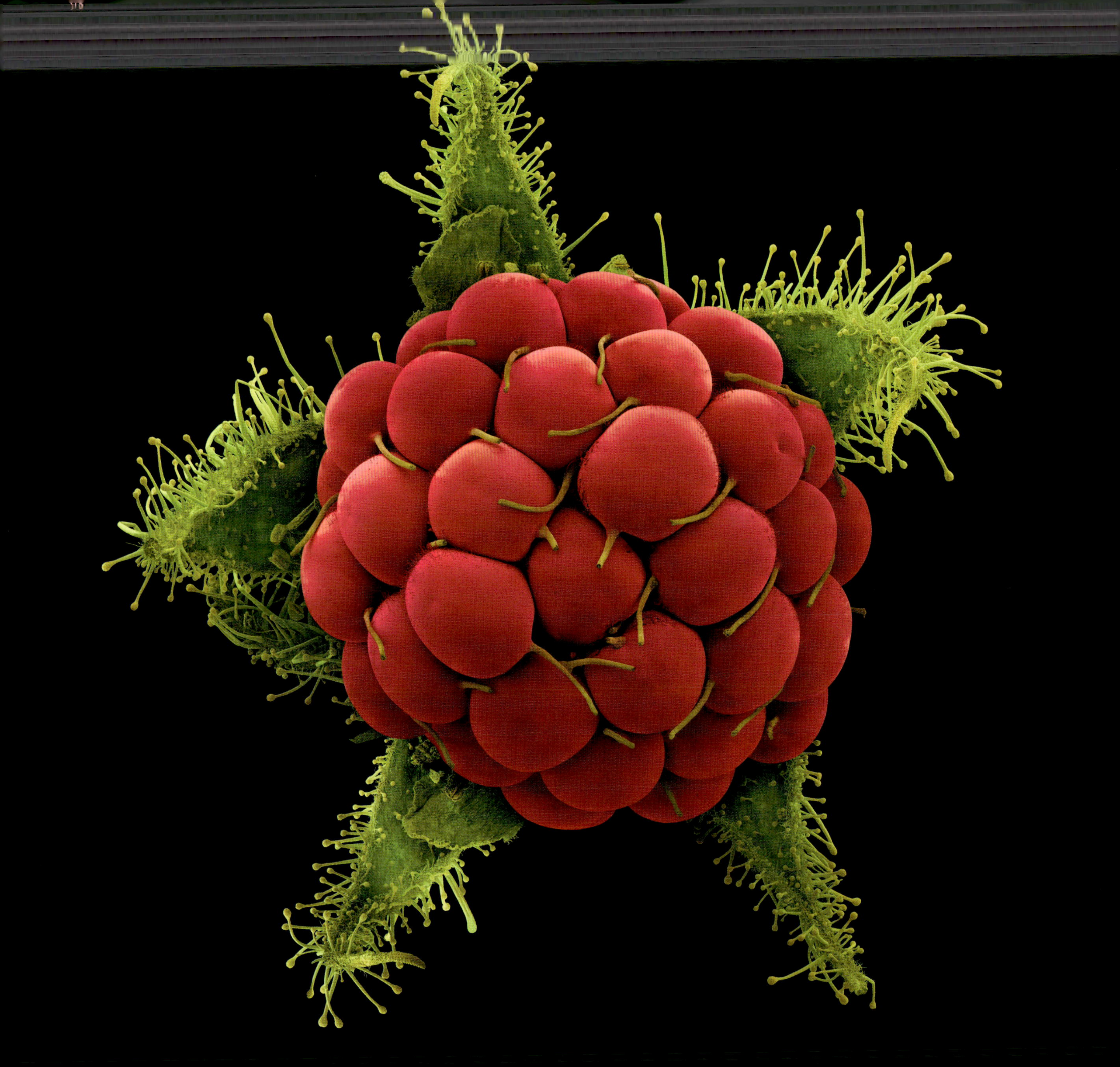

甘い誘惑

　食べられる報酬は、散布してくれる動物を確実に引きつけます。人間が果物を大喜びで食べるのが、その一番の証拠です。甘く汁気たっぷりな果実のどれをとっても、その背後には種子を散布しようとする植物のあくなき欲求が隠されています。果実の甘い果肉は、散布者になりそうな動物をおびきよせる餌にほかなりません。動物を操っておいしいごちそうを食べさせ、一緒に種子を飲み込ませるために作られているのです。食事がすんだ動物は、種子を腹の中に収めたままどこかへ移動します。時間が経てば食べた物は消化され、"密航者"である種子は糞と一緒に出てきます。運が良ければ、種子の一部は母植物の陰から遠く離れ、しかも発芽に適した場所に排泄されるでしょう。このような散布形式を《動物被食散布》といいます。
　脊椎動物のうち最も重要な散布者は鳥と哺乳類で、特に温帯ではこの2つのグループが中心です。熱帯では果食の鳥、果食コウモリ、サルが一番の散布者で、他に一部の魚類と爬虫類も種子散布をすることがありますが、割合としてはごくわずかです。
　熟している途中の果実は、目立たず、どちらかというと固く、匂いもしません。良くても酸味が強く、悪ければ有毒です。要するに、種子が未熟な間は果実はできるだけ不味いままでいようとするのです。種子が成熟して散布できる状態になると、果実は安全で栄養豊富な報酬がここにあるぞ、と示すシグナルを送ります。シグナルの性質は、その植物がどんな動物を呼び寄せたいかによって異なります。鳥は色を識別する力が優れていますが、嗅覚はあまり発達していません。鳥類は、（鳥媒散布）に適した果実は成熟に伴い色を変化させ、まだ熟さず、不味いときの色（緑）よりもっと目立つ色に変化することで鳥たちの注意を自分に向けさせます。緑色の背景の中で最も鳥の目につきやすい色は赤ですが、紫、黒、ときには青、さらにはそれらの組み合わせ（特に赤と黒）もあります。それに対し、哺乳類は視覚よりも鋭い嗅覚に頼って餌を探し、夜行性のものもよくいます。そのため、哺乳類の誘引には少し違った戦略が用いられます。たいていの哺乳類散布果実は（例外もありますが）地味な色（茶色や緑）で、成熟すると強い芳香を放ちます。リンゴ、セイヨウナシ、セイヨウカリン、マルメロ、柑橘類、マンゴー、パパイヤ、パッションフルーツ、メロン、バナナ、パイナップル、パラミツ、パンノキ、イチジクなどは、種子を散布してもらうために齧歯類、コウモリ、クマ、サル、さらにはゾウやサイまでをターゲットにした果実の代表例です。

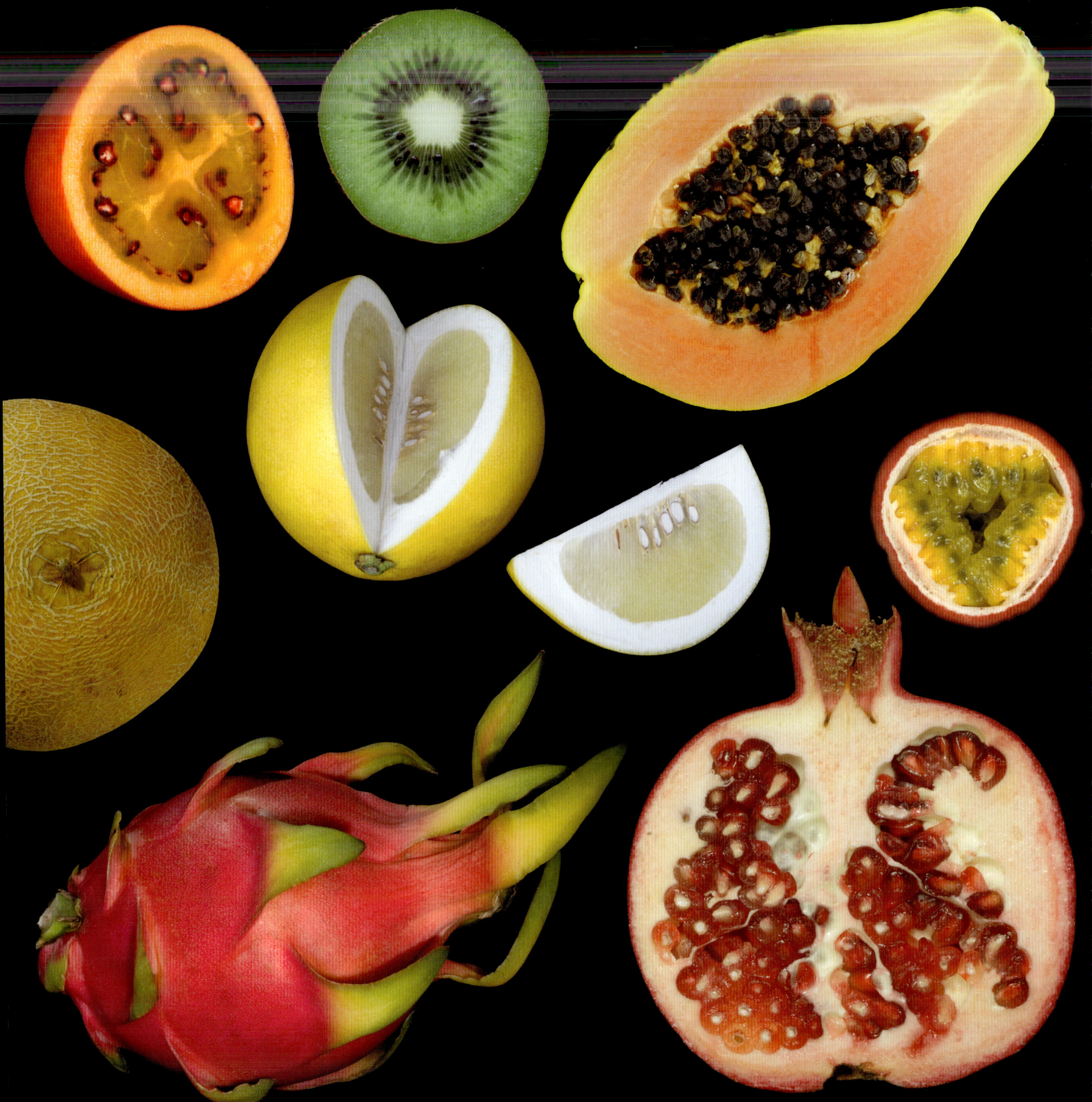

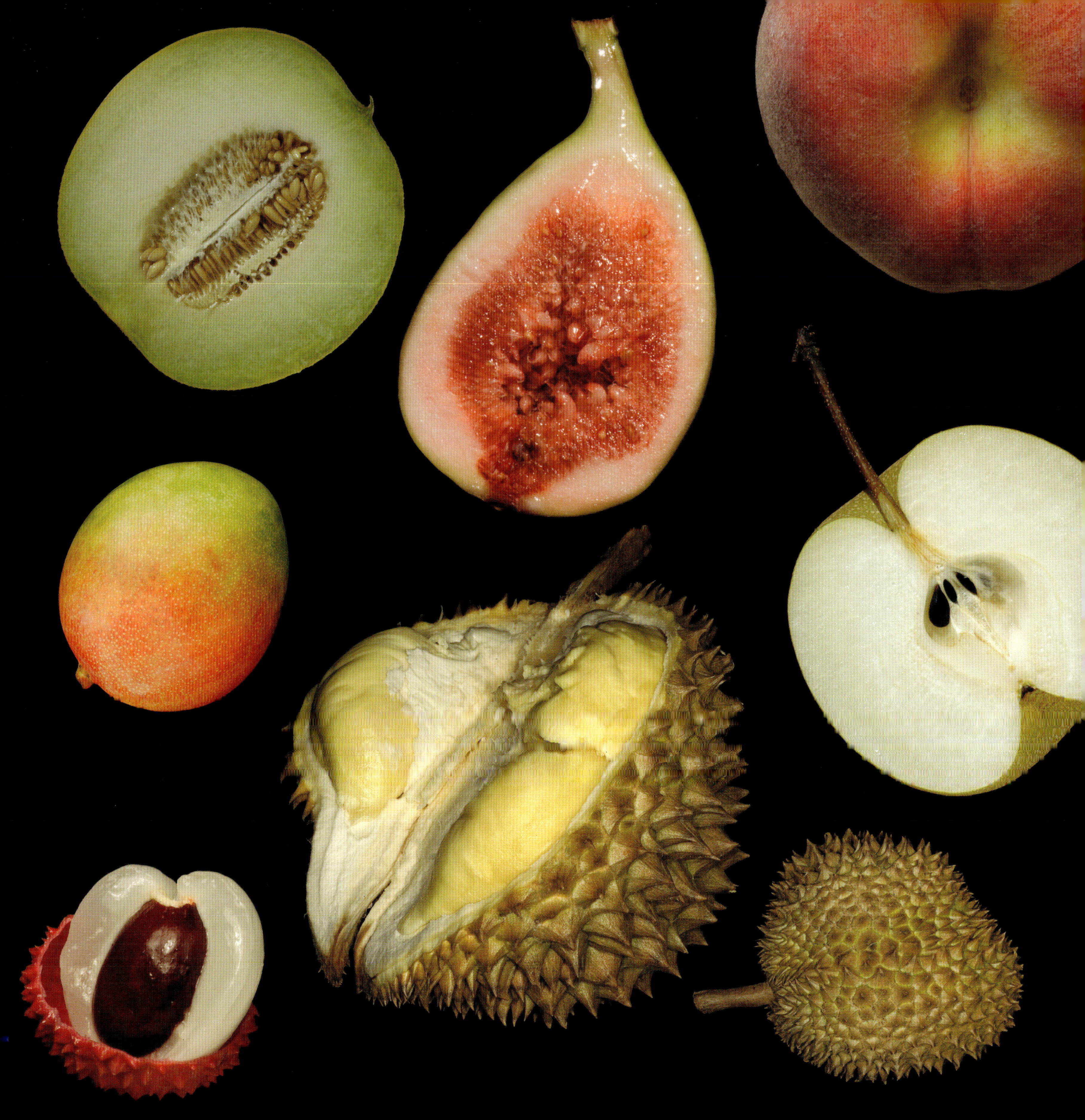

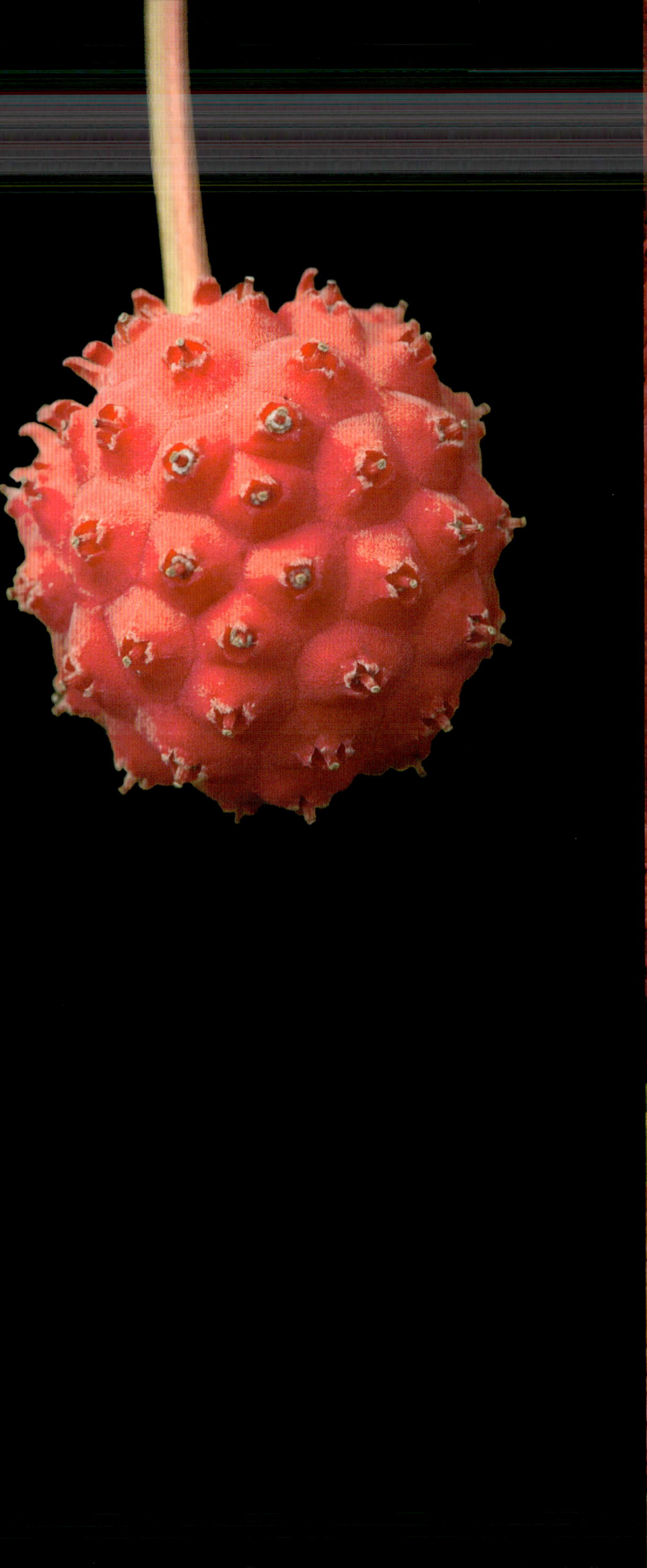
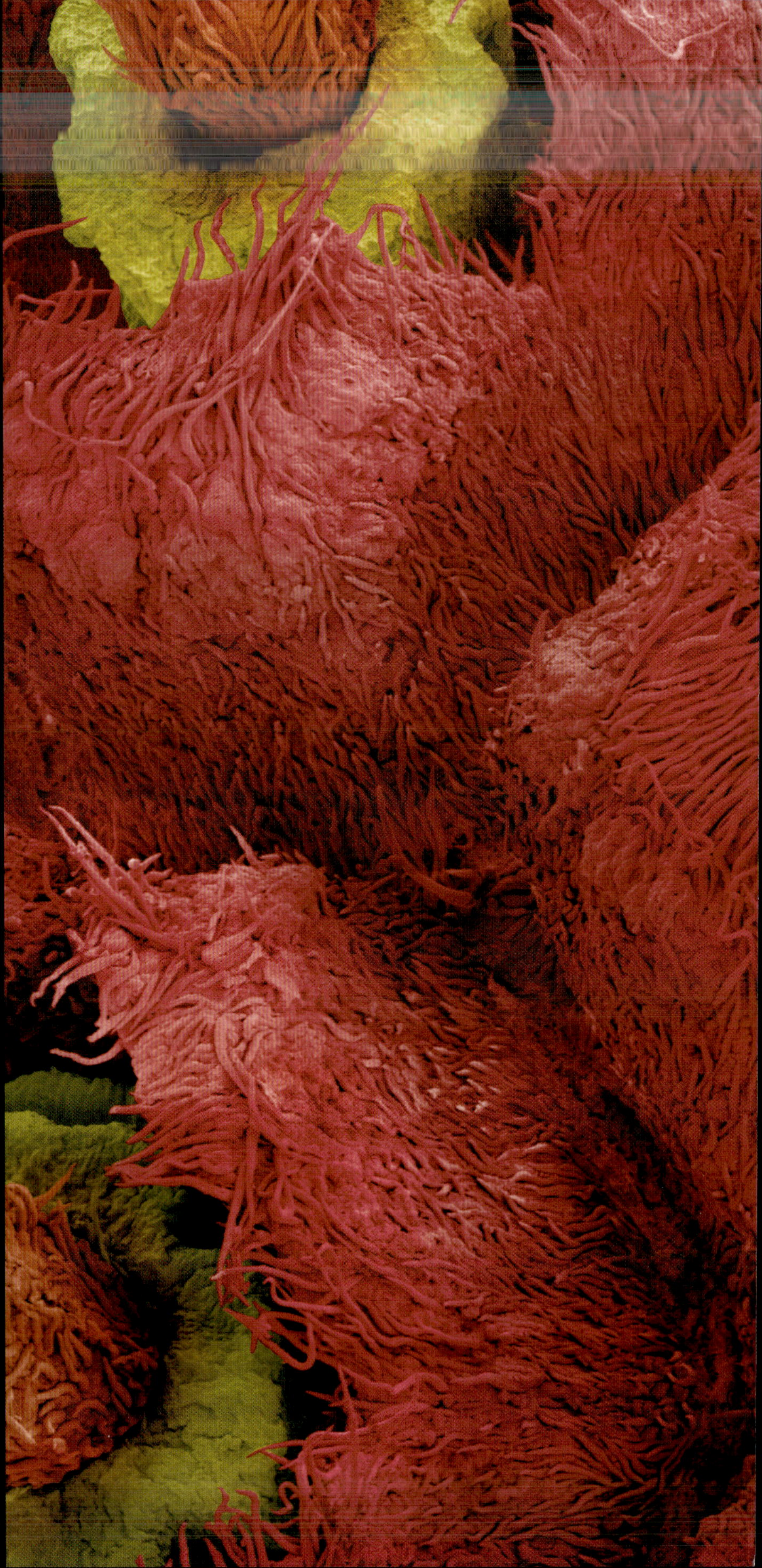

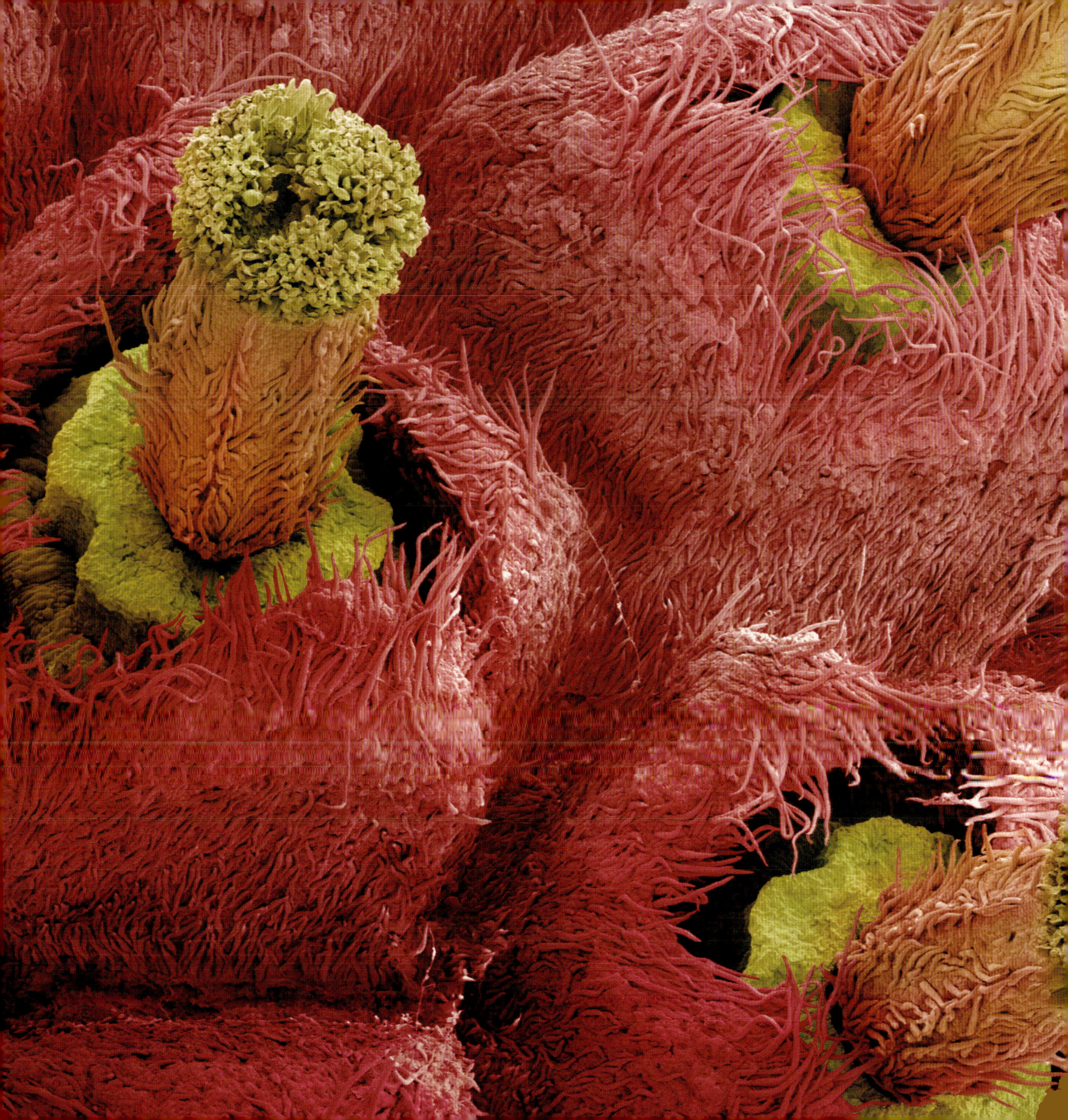

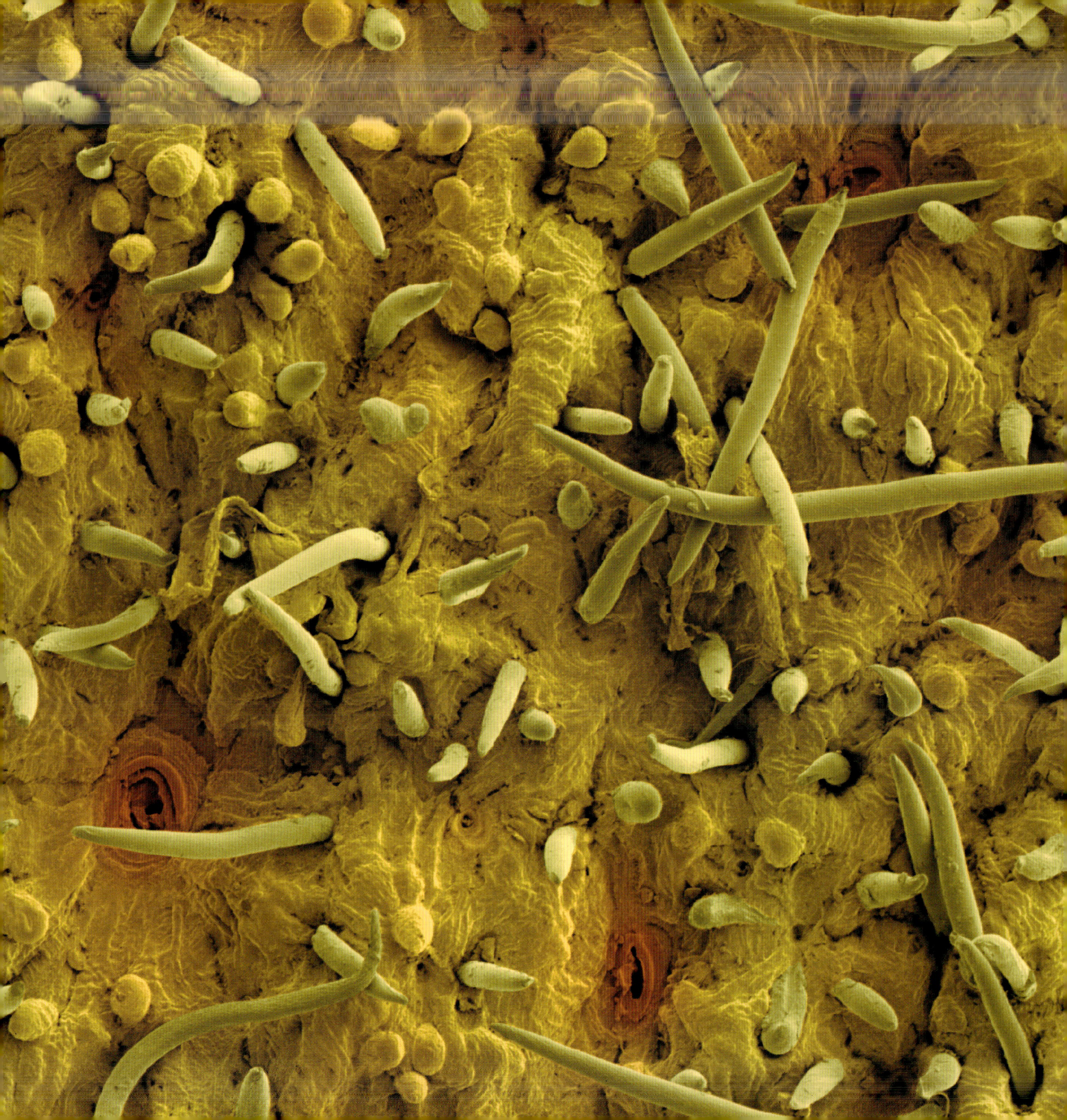

果実と種子 105

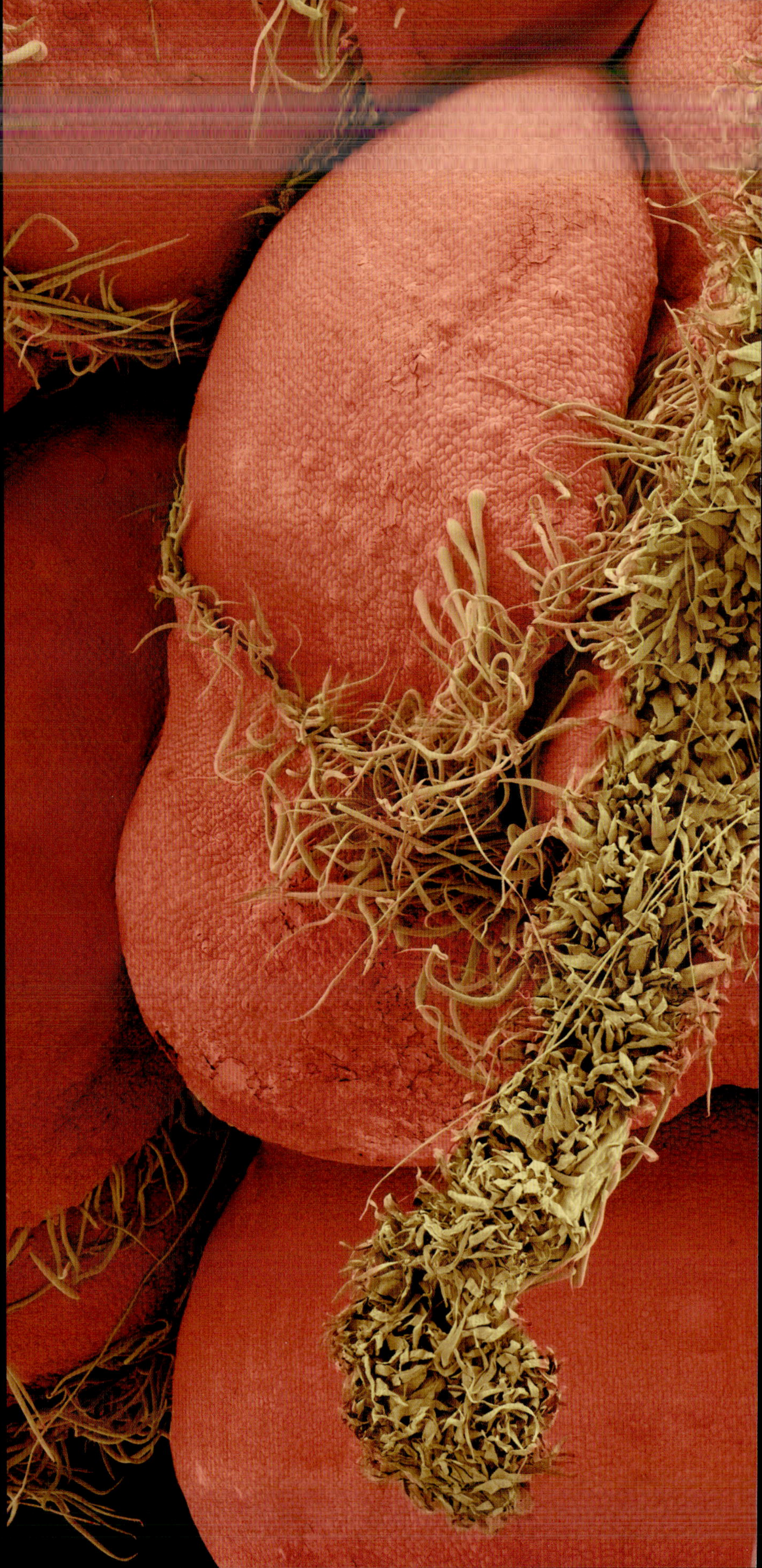

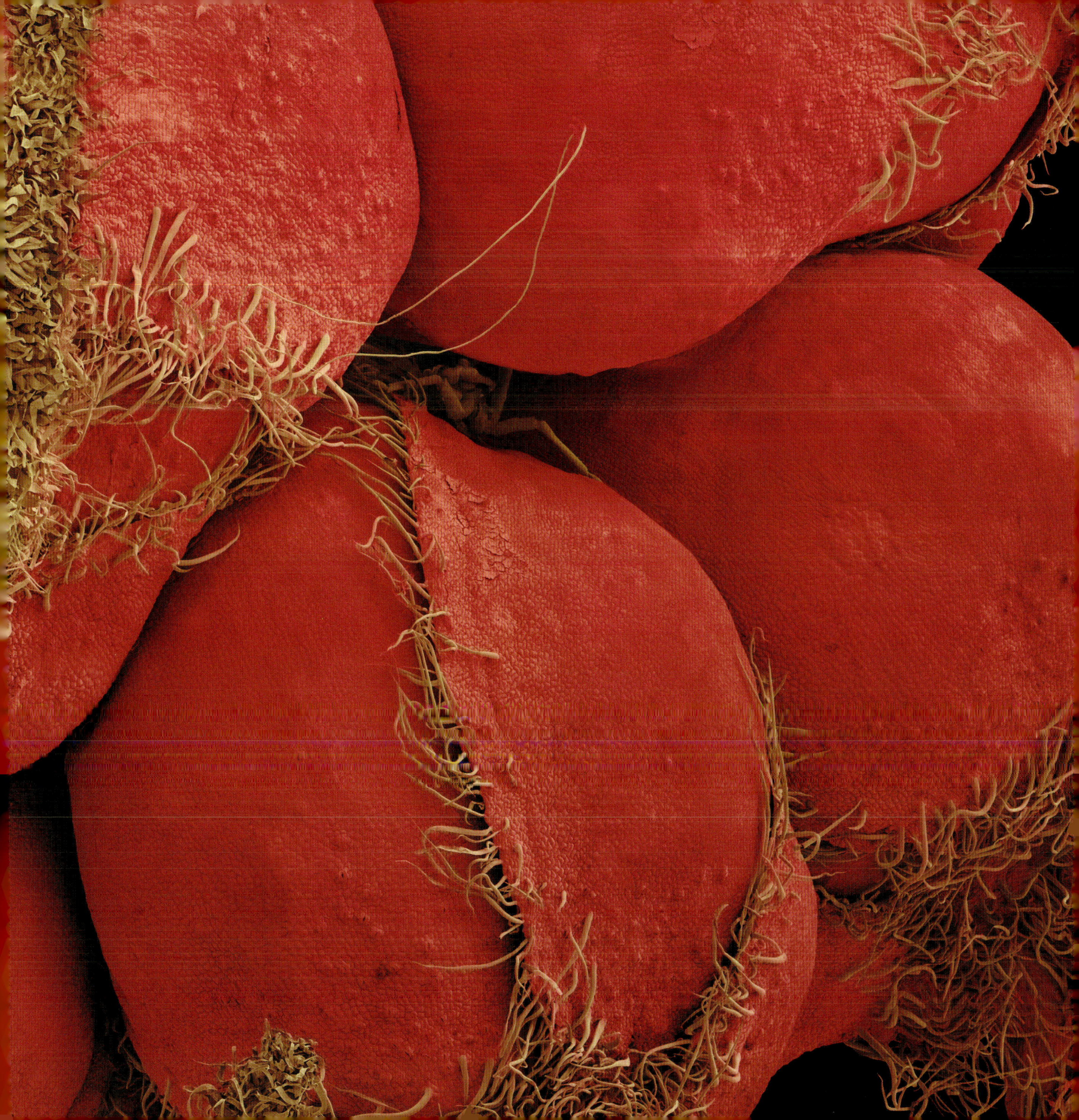

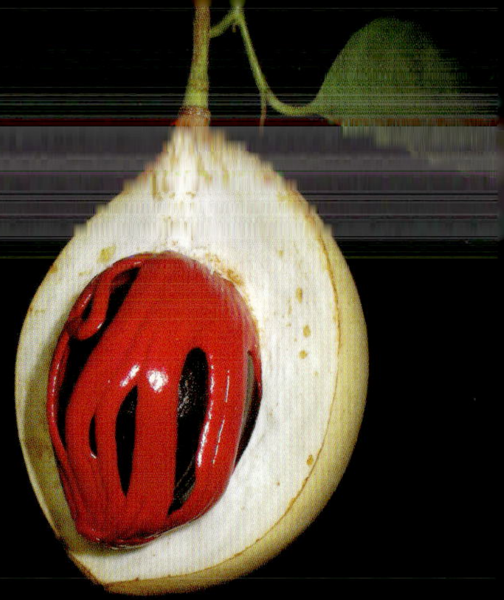

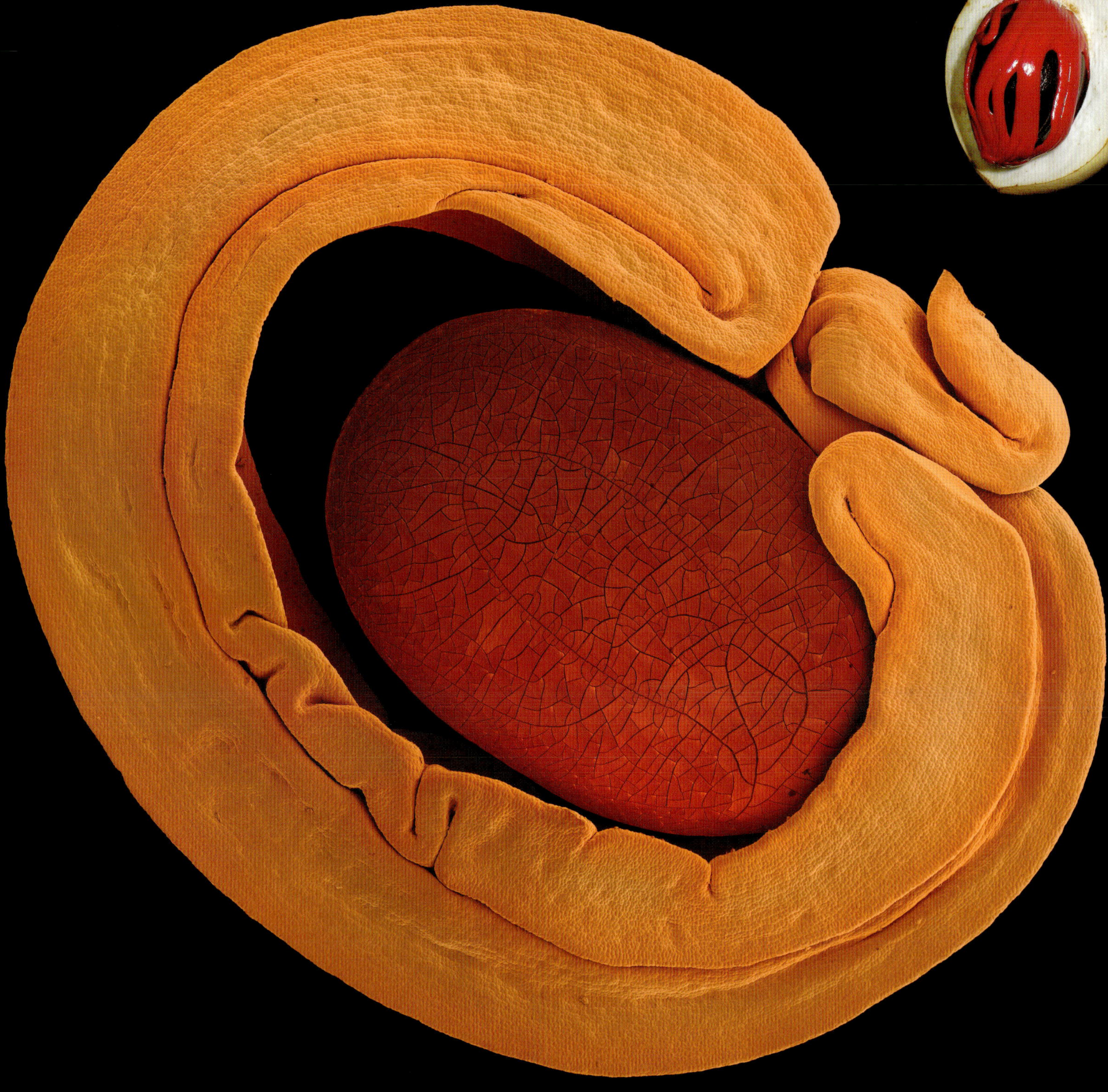

カラフルな付属物

　動物散布の果実が用意する"食べられる報酬"は、一般的には多肉質の果皮です。大型の種子は、鳥を招くために《仮種皮》と呼ばれる付属物を持っていることがあります。鳥を散布者として誘引したければはっきりした色のコントラストが重要で、そこで活躍するのが仮種皮です。ニシキギ科のツリバナの1種エウオニムス・エウロパエウス（*Euonymus europaeus*）は、温帯北部で目立つ色をした果実と仮種皮つきの種子が見られる数少ない例のひとつです。鮮やかな赤い蒴果が裂開し、濃いオレンジ色の仮種皮に包まれた種子が3〜4個現れます。枝から下がる果実が完全に開くと種子がはずれ、短い《珠柄》でぶら下がって、色の効果に動きをプラスします。熱帯にはもっとずっと大きくてはるかにカラフルな例がたくさんあります。なかでも、赤い果皮、白い仮種皮、黒い種子という組み合わせは成功しているとみえ、熱帯アメリカに生育するマメ科のキンキジュ（*Pithecellobium dulce*）やピテケロビウム・エクスケルスム（*Pithecellobium excelsum*）など、さまざまな科の植物がそれぞれ独自に進化してこの組み合わせに到達しています。鳥類散布シンドロームのもうひとつ典型的なパターンとして、黒い種子にオレンジ色か赤の付属物をつけ、明るい色の果皮を背景に陳列するタイプがあります。南アフリカのゴクラクチョウカ（*Strelitzia reginae* ゴクラクチョウカ科）の蒴果はその見本で、黒い種子がオレンジ色のぼさぼさのカツラのような仮種皮で飾られています。マメ科の鳥類散布種子、たとえばアアゼリア・アフリカナ（*Afzelia africana*）［左上の写真］や、オーストラリアのアカシアの一種アカキア・キクロプス（*Acacia cyclops*）［左ページ中央の写真］にも類似の特徴が見られます。ニュージーランドのアレクトリオン・エクスケルスス（*Alectryon excelsus* ムクロジ科）では、緑色がかった茶色の地味な果実の中から、濃い赤色の肉質仮種皮に半分埋もれた黒い種子が突然顔を出します［右上の写真］。

　最も高価でひっぱりだこの赤い仮種皮は、あまり目立たない果実の中にあります。ナツメグ〔和名ニクズク〕（*Myristica fragrans* ニクズク科）の果実は肉厚な種皮を持ち、最初のうちは緑色でその後薄黄色や薄茶色になります。やがて真ん中でふたつに割れると、深紅のレースのような美しい仮種皮にくるまれた大きな種子が1個現れます［左ページ右上の写真］。この種子（ナツメグ）と仮種皮（メース）こそ、何百年も前から香辛料貿易の最重要商品として知られてきたスパイスです。ナツメグの自然界での散布者は鳥です。インドネシアでは、ナツメグの大きな種子を飲み込むことができるハト科ミカドバト属やサイチョウ科の鳥が主な散布者だと考えられています。

植物界の詐欺師

　不思議で奇妙な植物の世界の旅も終わりに近づいてきました。最後に、植物の"詐欺的行為"を通して、彼らのいくぶん邪悪な側面を見ることにしましょう。2つの種の間で双方に利益がある協力関係が栄えている場所には、必ず、サービスやメリットの対価を払わずにちゃっかり利用だけしようとするイカサマ師も現れます。コストをけちるその戦略はべつに人間社会の悪しき面を真似たわけではなく、自然界の一般的なパターンです。植物も例外ではありません。材料とエネルギーを節約できれば、進化において優位に立てるのです。果実を食べる鳥やサルも、果実のおいしい部分だけを食べて種子を親植物の根元に落として去っていくなら、ただの果肉泥棒です。一方、植物のなかには、報酬としての食べ物を差し出さずに種子だけを動物に飲み込ませるトリック戦略を発達させたものがあります。イネ科の植物は、小さな乾燥果実を葉の間に隠して大型の植食動物を欺きます。生態学者のダニエル・ジャンゼンはこの策略を「葉が果実である」と表現しました（Janzen 1984）。鳥類散布の多肉質散布体（液果、核果、仮種皮つき種子など）によく似た色の果実や種子を作って、おおっぴらに詐欺行為をはたらく植物もあります。見た目は食べられそうですが、実際は栄養のある「食べられる報酬」を動物に提供しているわけではなく、植物はそのためのエネルギーを使う必要がありません。

　果実の擬態という概念には異論もありますが、実験から、単純で無邪気な果実食の鳥は少なくともある程度までこの偽装された果実の種子を本物の多肉質散布体と間違えて食べることがわかっています。擬態果実は稀にしか見られませんが、マメ科が中心で、たまにムクロジ科（たとえばハルプリア属）など他の科にも擬態が疑われるものがあります。マメ科の例に共通する戦略は、ベージュや薄黄色から濃いオレンジや赤までのいずれかの色をした心皮（さや）の内壁を背景にして、黒、赤、あるいは黒と赤のツートンカラーの種子を配する方式です。心皮の内壁も種子も、鳥の栄養にはなりません。オーストラリアの雨林に生えるパラルキデンドロン・プルイノスム（*Pararchidendron pruinosum*）という小型の木の果実は、ねじれた豆鞘の形から「モンキーズ・イヤリング」〔サ

ルの耳飾り〕とも呼ばれますが、果皮の内側が派手な赤い色をしていて、そこにつややかな黒い種子がはまっています［左ページの写真］。ニュージーランドのカルミカエリア・アリゲラ（*Carmichaelia aligera*）も偽装が疑われる植物で、心皮壁が脱落した後に残った黒い果実の外枠に囲まれて、光沢のある赤い種子（時折黒い斑点があることも）が陳列されます［右上の写真］。

　パラルキデンドロン・プルイノスムやカルミカエリア・アリゲラやその他同類のイカサマ果実は、一見するとジューシーでおいしそうな外見ですが、実際は堅くて乾燥しています。ですから果実食の鳥たちには何の益ももたらしませんが、ボタニカルジュエリー〔植物宝飾品〕を愛好する人間にとっては宝の山です。特に好まれるのは真っ赤な種子で、東南アジアからオーストラリアにかけて分布するデイゴ属やナンバンアカアズキ（*Adenanthera pavonina*）などのほか、米国南西部とメキシコが原産地のソフォラ・セクンディフロラ（*Sophora secundiflora*）、パナマのオルモシア・クルエンタ（*Ormosia cruenta*）などが代表例です。それ以上にひっぱりだこなのが、赤と黒のツートンカラーの種子です。このタイプとしては、熱帯の全域に分布し、「クラブズ・アイ」〔カニの目〕とも呼ばれるトウアズキ（*Abrus precatorius*）［左下の写真］、南米とカリブ海のオルモシア・モノスペルマ（*Ormosia monosperma*）、アメリカのリンコシア・プレカトリア（*Rhynchosia precatoria*）などが挙げられます。

　ボタニカルジュエリーの職人ならよく知っているように、堅くてつやがあってしかもカラフルな種子をつける植物種はそれほど多くありません。たいていの詐欺がそうであるように、何も知らない腹ペコ動物に見た目だけよくて食べられない種子を差し出すというやり口が通用するのは、詐欺師の数が少ない場合に限られます。見かけ倒しの種子があまりに増えすぎたら、善良な散布者は腹を立てて、もっと信頼性の高い食糧供給源を見つけようと考えるでしょう。そうなったら結局、動物は擬態種子と本物の食べられる種子のどちらも見限ってしまい、本物も偽物も含めた種子散布自体が破綻しかねません。生物の世界のあらゆる面にあてはまることですが、自然選択による進化は、すべての生き物の間で注意深くバランスを維持するようにできているのです。

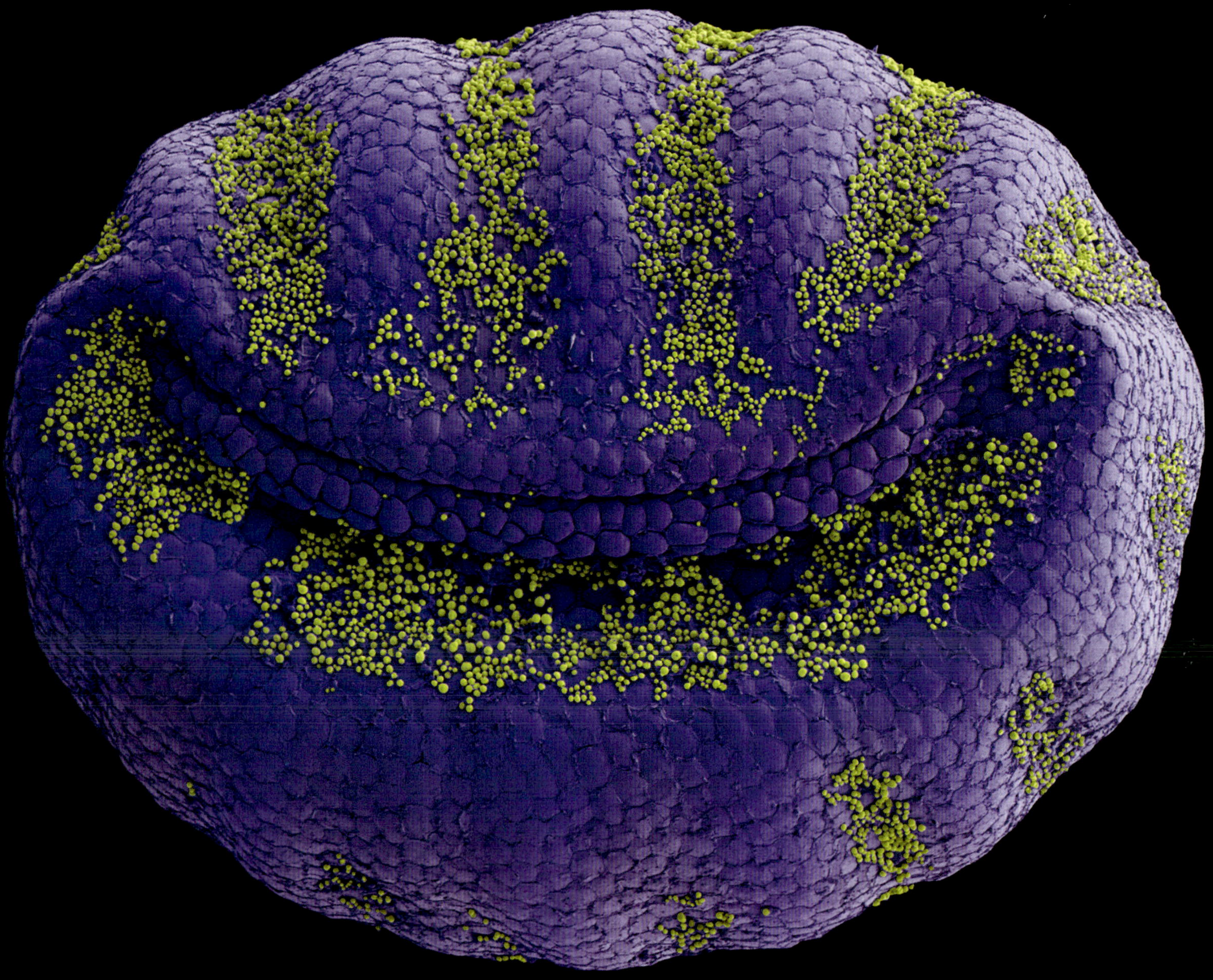

植物たちの永遠の美

　本書を通じて、植物への、そして植物に頼って生きているものたち——私たち人間を含めて——への愛情を深めていただけたなら、大変嬉しく思います。本書には普段はなかなか見られない画像が万華鏡のように並び、植物が驚くほど手の込んだ生き残り戦略を駆使し、信じられないくらい美しいことを物語っています。植物は他の生物と同様に生きており、生き残るために闘っている——そのことが植物の美を一層ミステリアスで荘厳なものにしています。

　本書は、不思議で奇妙な植物の世界を生き生きと切り取った、啓蒙的な祝宴のような本です。けれども、私たちの誰ひとりとして忘れてはならないことがあります。それは、いまこの地球に生きる生命のほとんどあらゆる側面を脅やかしている深刻な問題のことです。過剰に増えた人間は自然環境を無思慮かつ大規模に破壊し、世界各地で多くの植物種や動物種を急速に絶滅の淵へと追いやっています。ある1つの種が絶滅したなら、数千万年かけて作られてきた巨大で美しいジグソーパズルから複雑な形のピースが1個失われてしまいます。そのうえ、1つの種の絶滅は、数百万年とは言わぬまでも数万～数十万年の長きにわたってその種と生態環境をともにしてきた他の多くの種にも影響を及ぼします。生命の網の目は無数の相互依存関係が複雑にからみあってできています。ある1つの種の絶滅で生じる波紋が広がってどんな結果を招くのか、予測は不可能です。滅びた種は生命の網の目にほころびを残し、1種また1種と絶滅するたびに網は少しずつ弱くなっていきます。人類はかつてはこの網の目の1本の糸でした。しかし、1万年くらい前から人類は地球の資源を手当たり次第に利用しはじめ、そうするなかで網の目の糸を次々に切断し、資源を破壊しはじめました。私たちは、人類を生かしているのは生命の網の目が持つ多様性だという点をつねに意識していなければいけません。網の目を壊すことは、自分の座っているベンチをのこぎりで切ってしまう行為にほかなりません。

　化石記録から、地球の生命はこれまでに5回の大量絶滅を経験したことがわかっています。どの場合も、世界の生物多様性が回復するまでに400万年から2000万年ほどの歳月を要しました。人間の時間感覚では想像できない、「永遠」と呼べるほどの長さです。現在の人間に似た生物はわずか20万年しか地上に存在していないのですから。従って、現状の環境を比較的短い時間で回復させるチャンスがあるとすれば、そのために私たちはいますぐ行動しなければなりません。

　私たちの間では、人間が環境に破滅的な影響を及ぼしているという意識が強くなってきています。矛盾して聞こえるかもしれませんが、人口過剰と気候変動が私たちの「文明」に与える脅威に対してパニック的な反応が起きつつあることが、逆にひとすじの希望の光を投げかけています。「知恵のある人」を意味するホモ・サピエンス・サピエンス亜種（*Homo sapiens sapiens*）なら、自己中心的な本能よりも理性を上に置く道を見つけて、その学名にふさわしい存在になれるかもしれません。

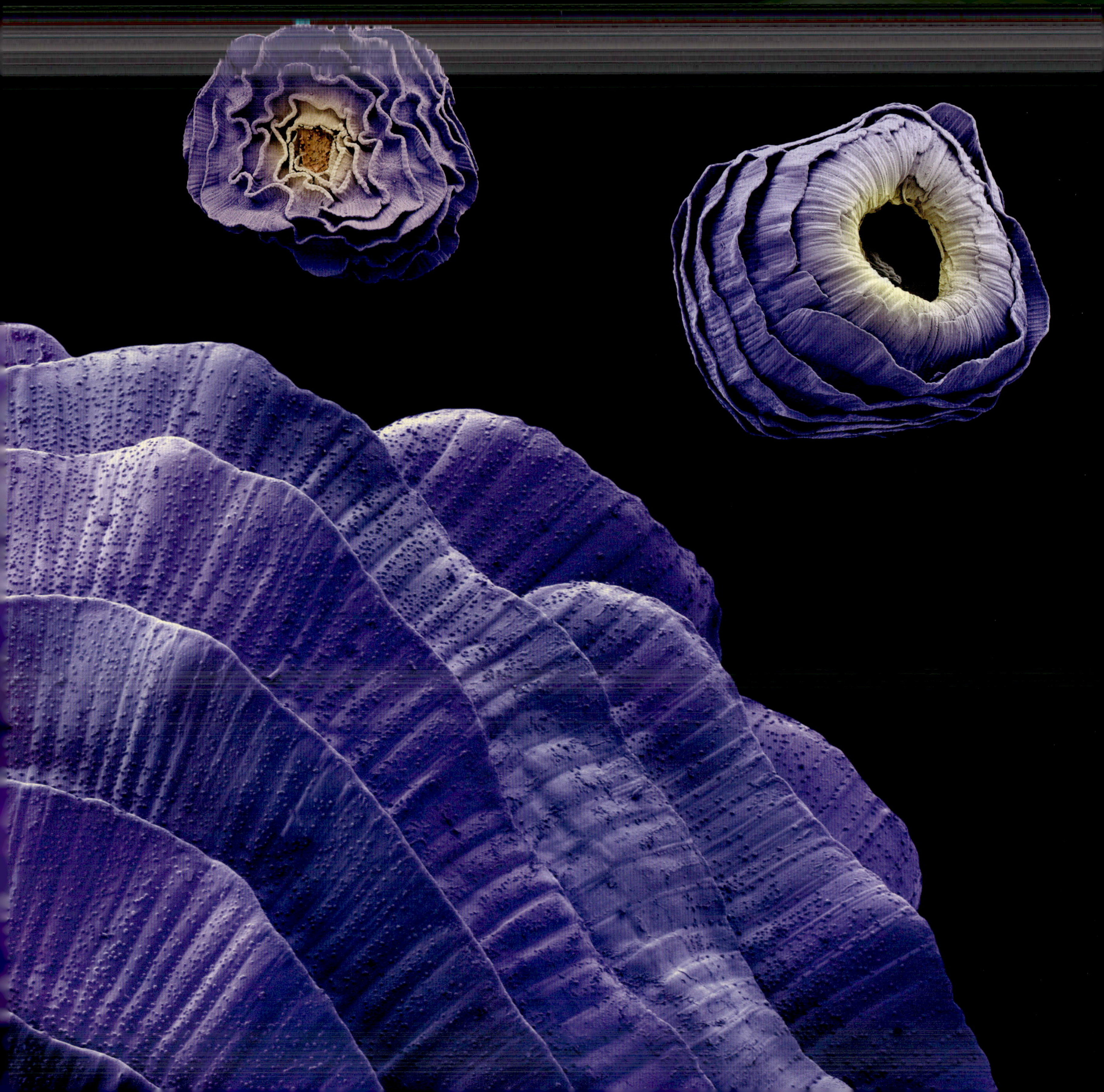

植物と芸術の出会う場所
PHYTOPIA

　無限かと思うほどの色と構造を見せる植物の世界は、幾世代もの画家にインスピレーションを与えてきました。彼らはそこから素晴らしい絵画を生み出し、それによって時代や文化の垣根を越えて多くの人々に知識を与え、また人々を魅了してきました。植物を描く際のアプローチ法には、描かれる植物の多様性や芸術家の意図が反映されています。学術記録用の正確な植物画から、想像力や解釈を生かして限りなくふくらませた豊かな表現まで、多彩なアプローチがあります。18世紀における写真の発明と19世紀末までの顕微鏡の改良によって新しい地平が開け、植物の見事なかたちを捉えることが可能になりました。20世紀——特に第2次世界大戦後——になると電子顕微鏡が驚くべき発達を遂げ、当初は材料科学用であったこの装置の利用価値に生物学者たちも気付きました。自然界の「肉眼で見えない部分」の探査手段が光学顕微鏡だけだった時代は終わったのです。とはいえ、恐ろしく高価で特殊な装置である電子顕微鏡で撮影された画像は長い間ごく一部の専門機関でしか見ることができず、もっぱら実験科学者たちが使って内輪だけで共有していました。芸術家が介入する機会がふんだんに与えられるなど、夢のまた夢でした。しかし、この20年ほどのデジタル画像技術の驚異的発達は異分野間で通用するひとつの共通言語をもたらし、芸術界と科学界の斬新な共同作業ができる領域と、その実現を後押しする力が現れました。本書で紹介した花粉、種子、果実の魅力あふれる画像は、この新技術の潜在能力を開拓しようと精力を傾けた芸術家の創意を雄弁に物語っています。色彩操作によって走査電子顕微鏡の可能性を拡げることで、学術的な完全性を体現した画像が、心を揺さぶる超写実的感覚を呼び覚ますものにもなるのです。

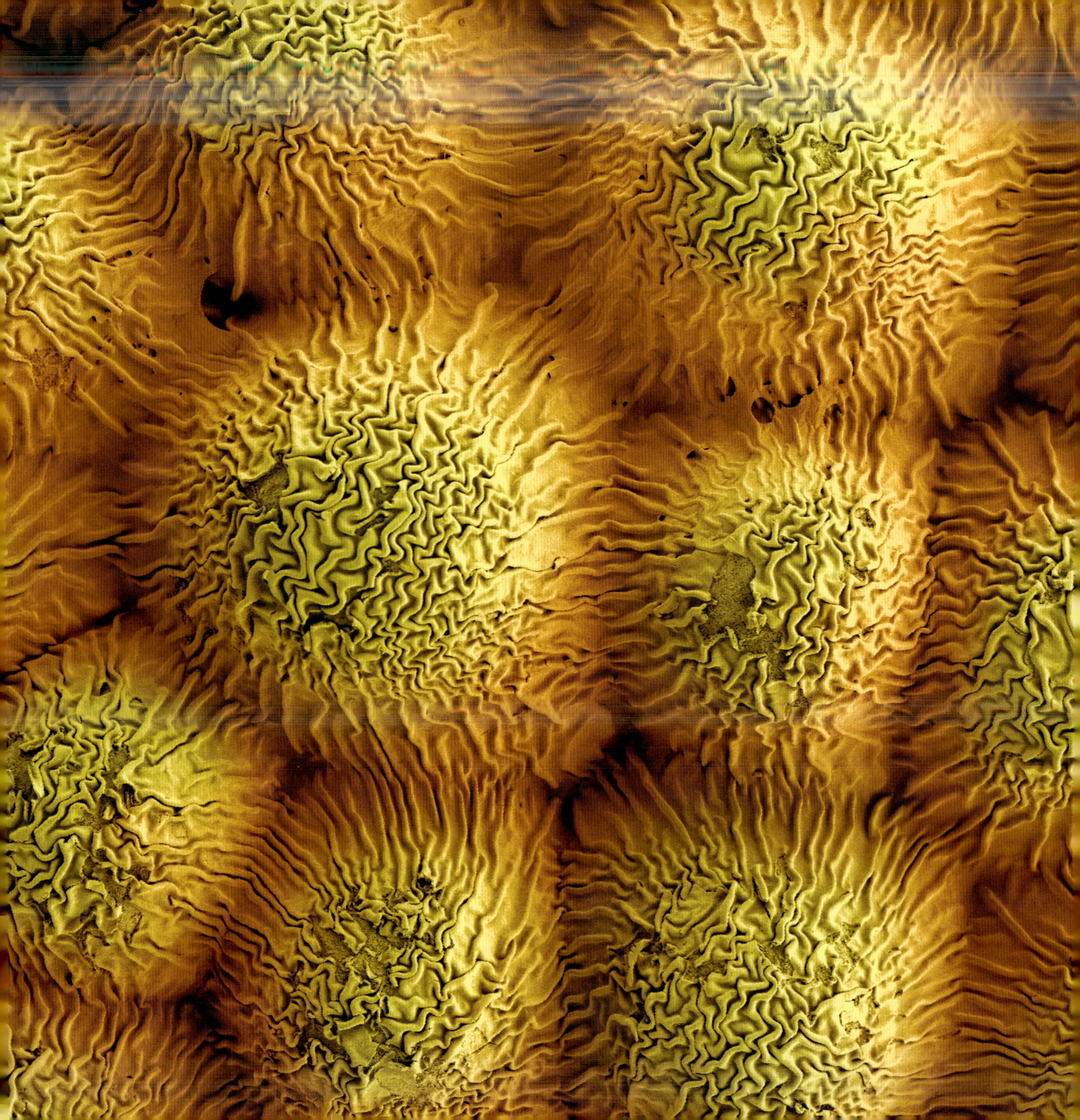

植物と芸術の出会う場所 117

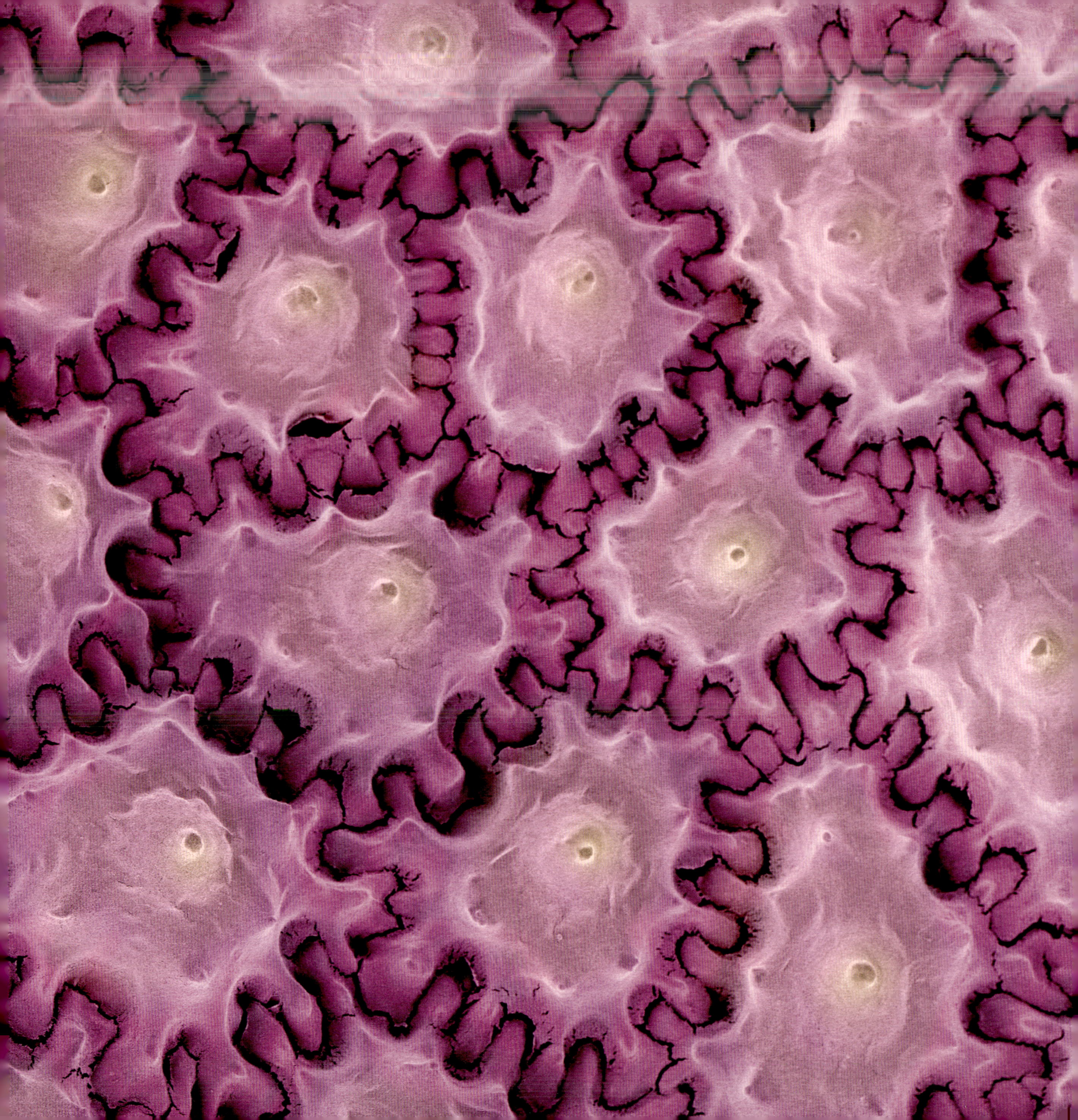

植物と芸術の出会う場所　119

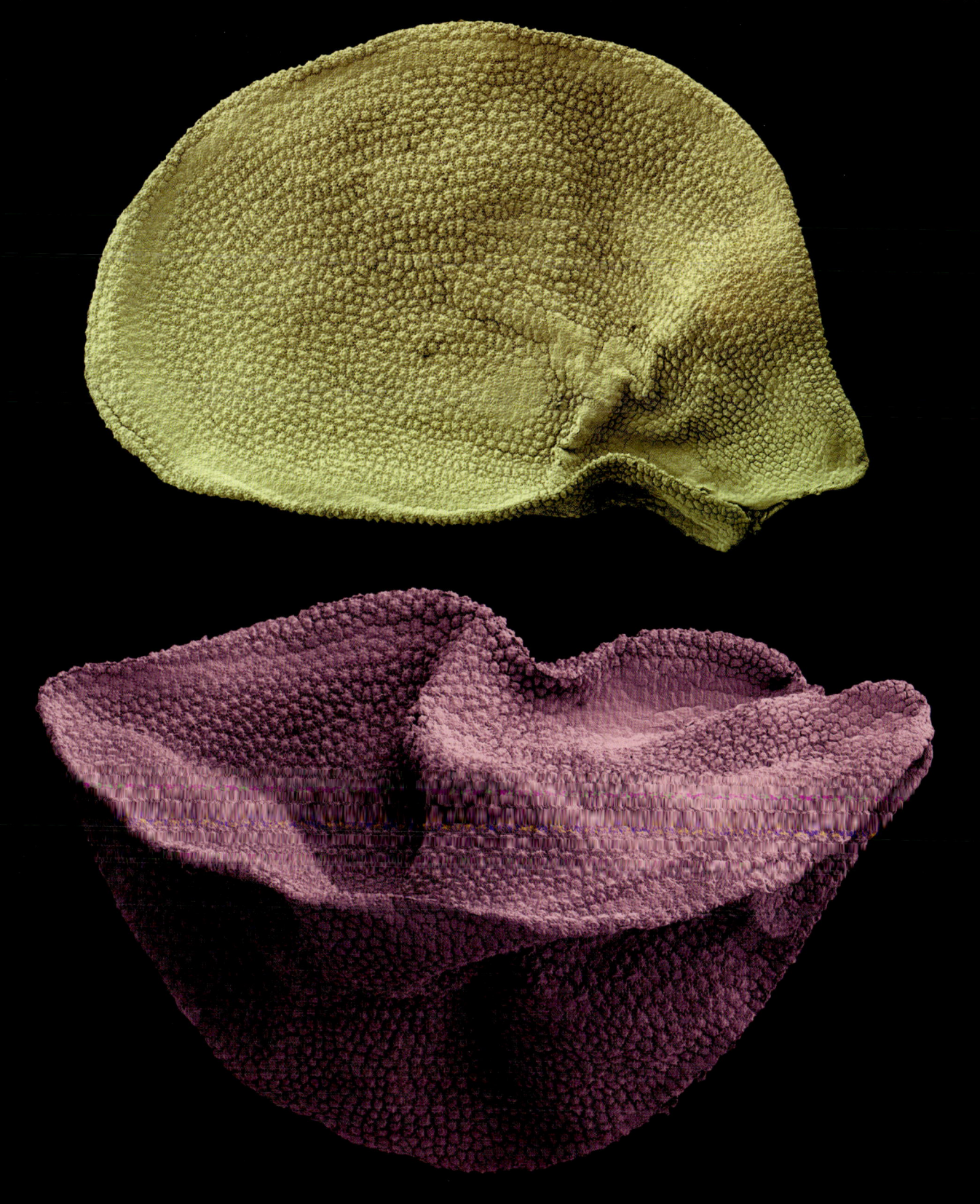

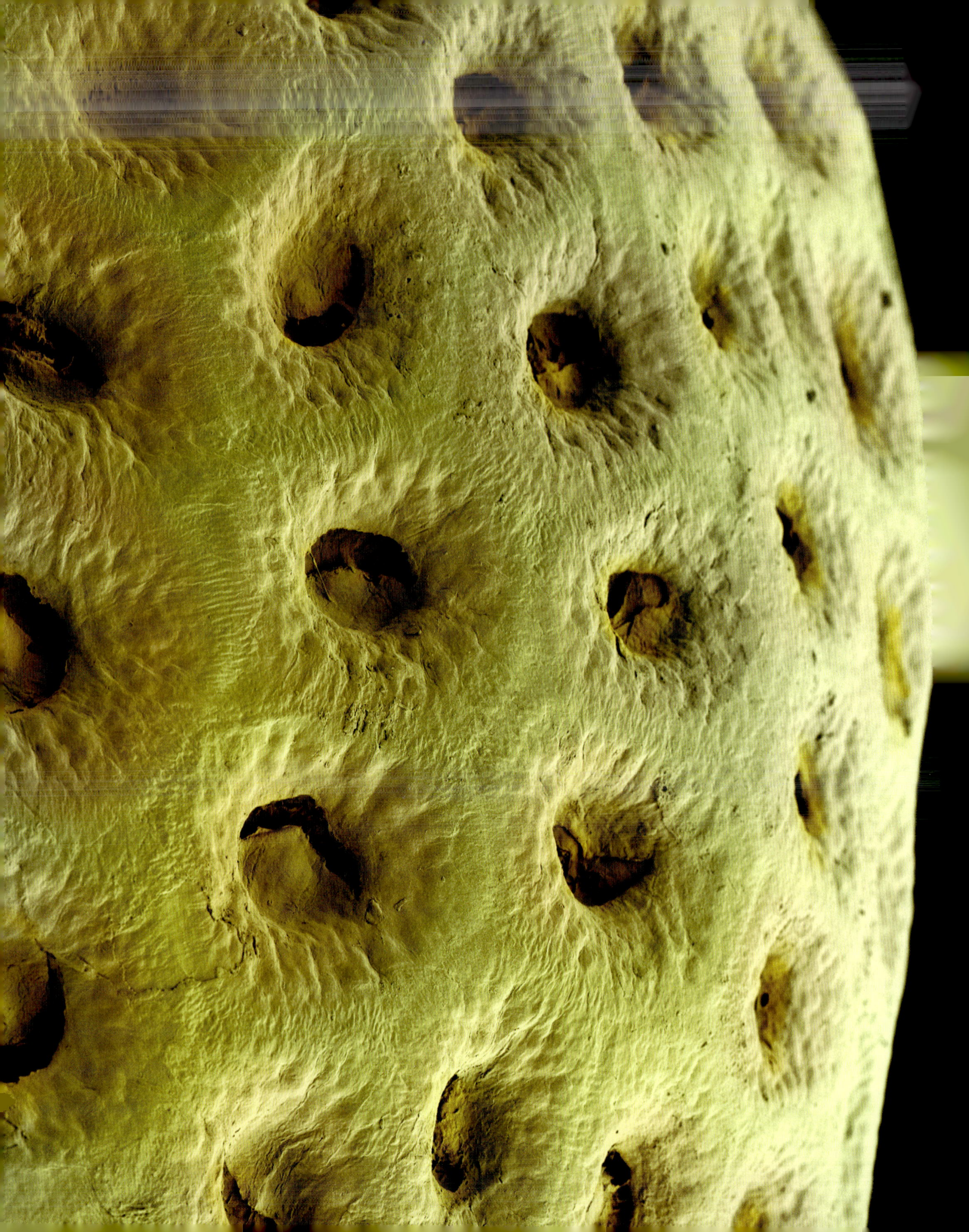

植物と芸術の出会う場所　121

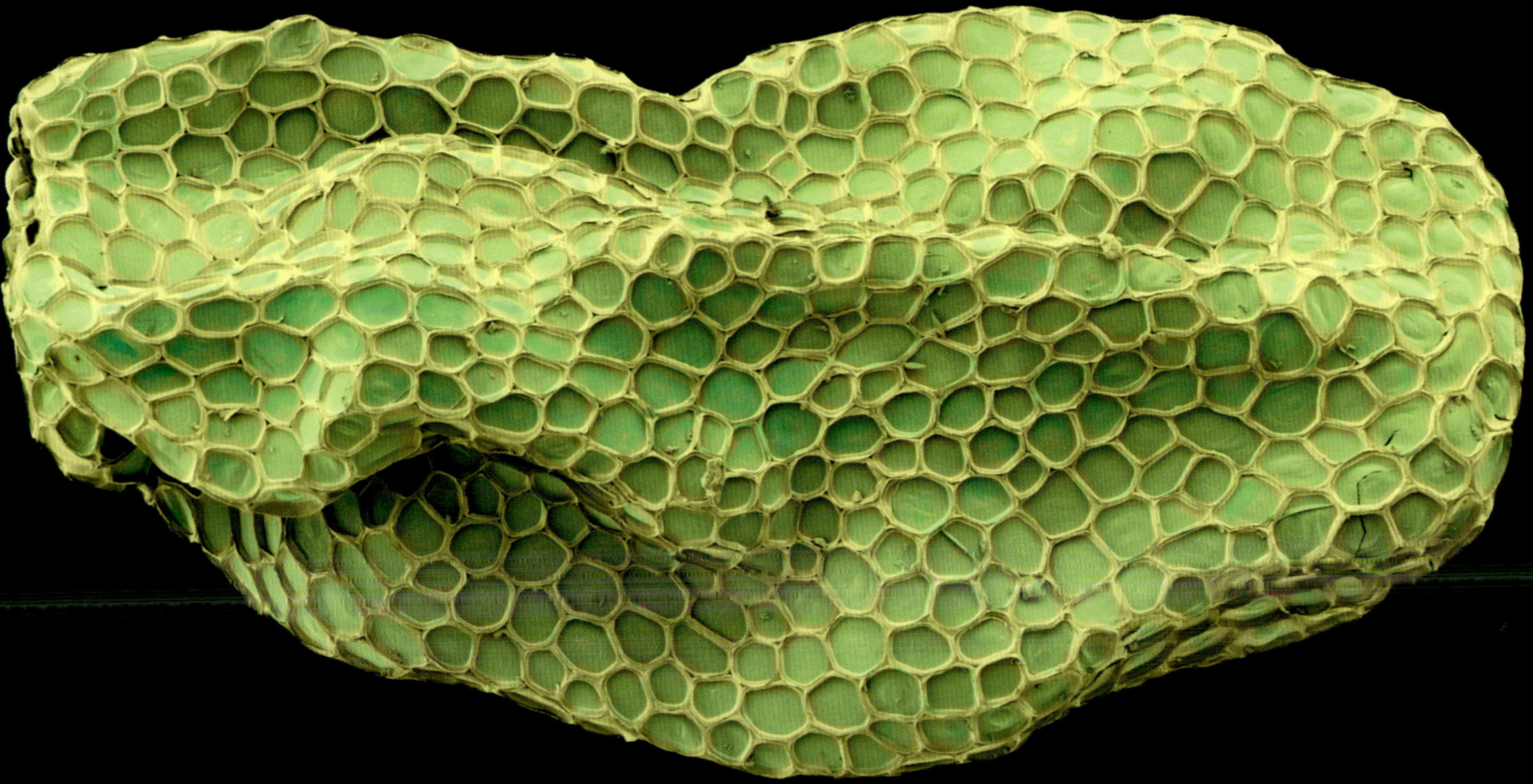

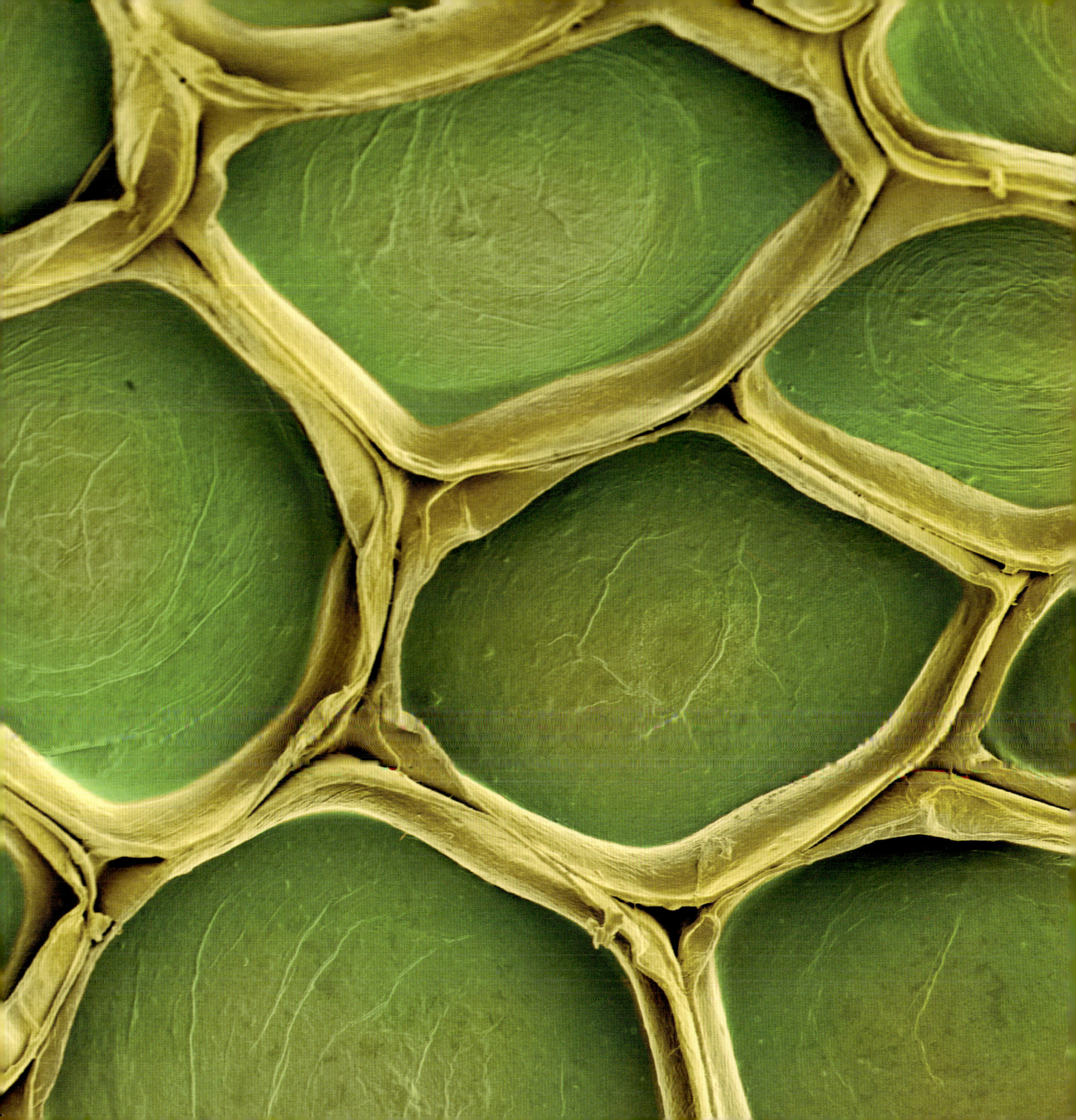

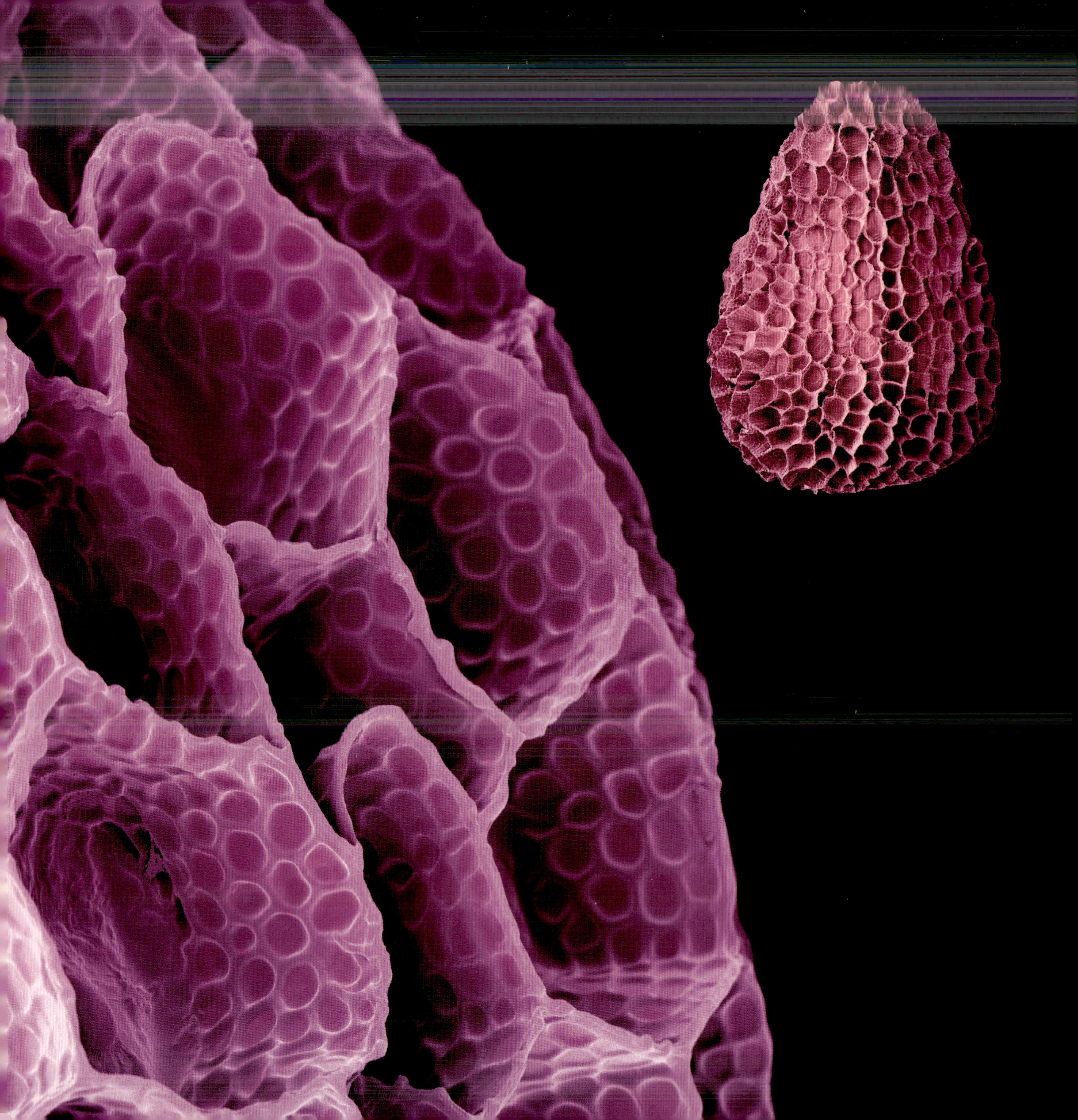

植物と芸術の出会う場所　125

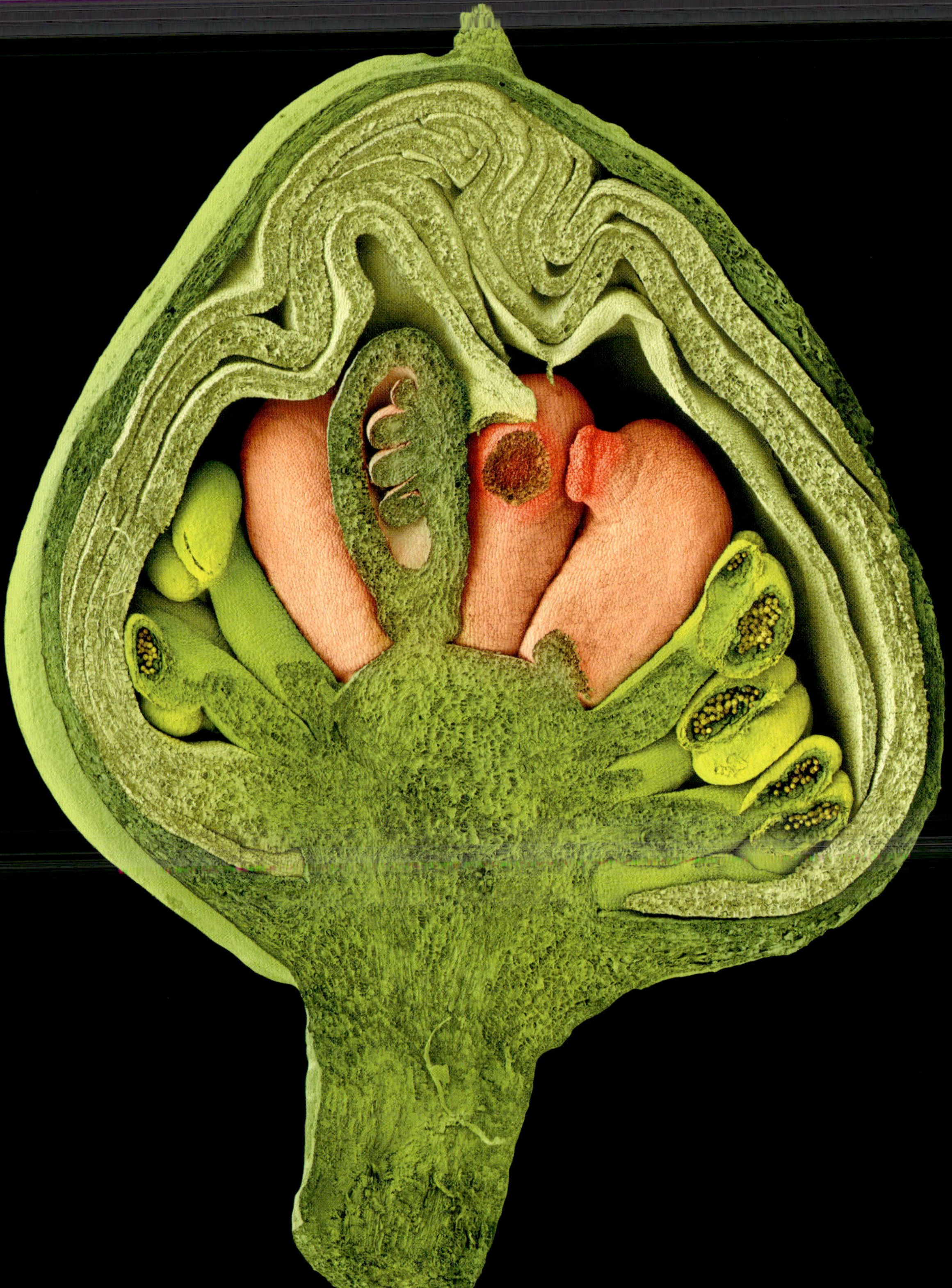

植物と芸術の出会う場所 127

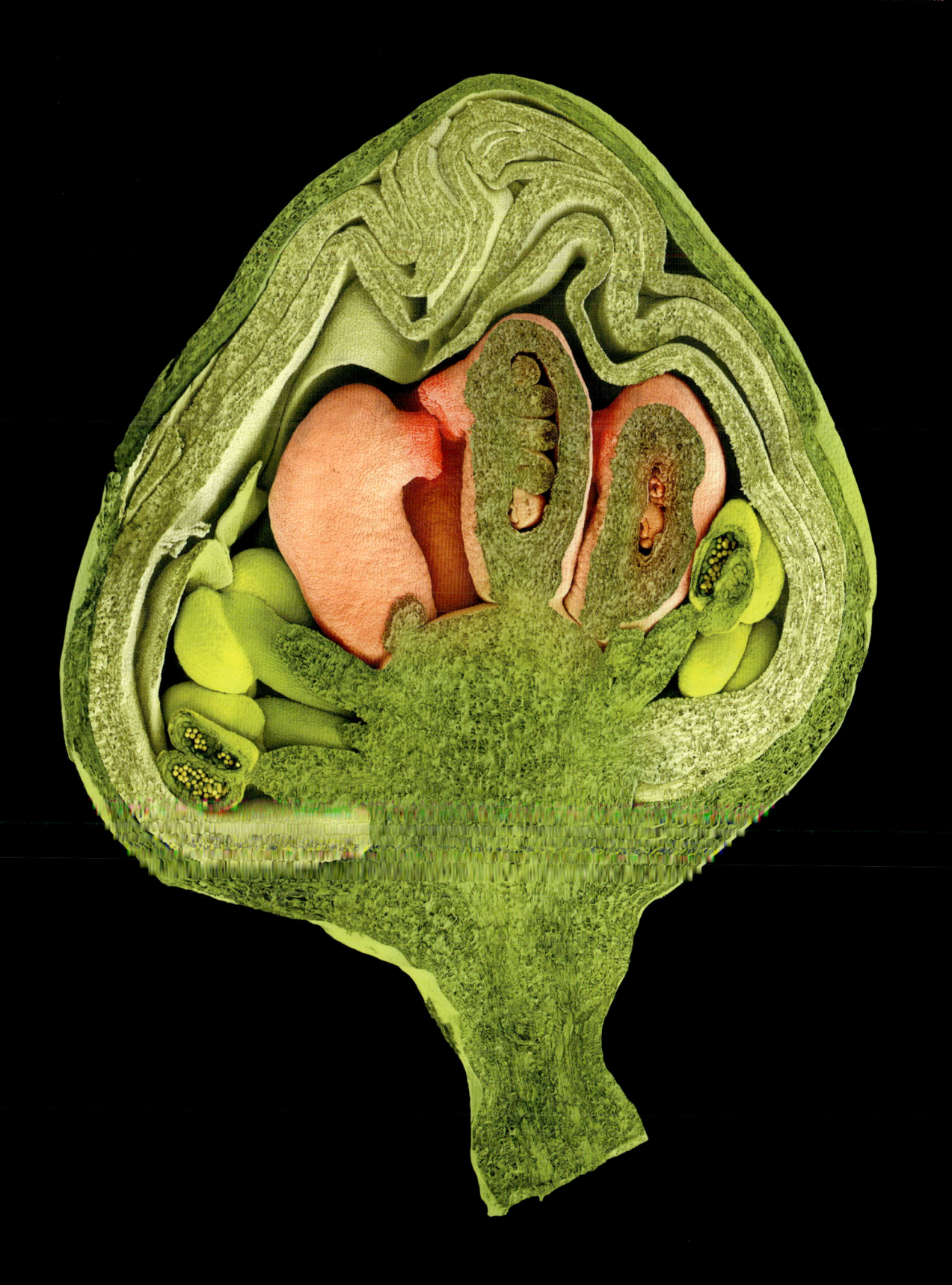

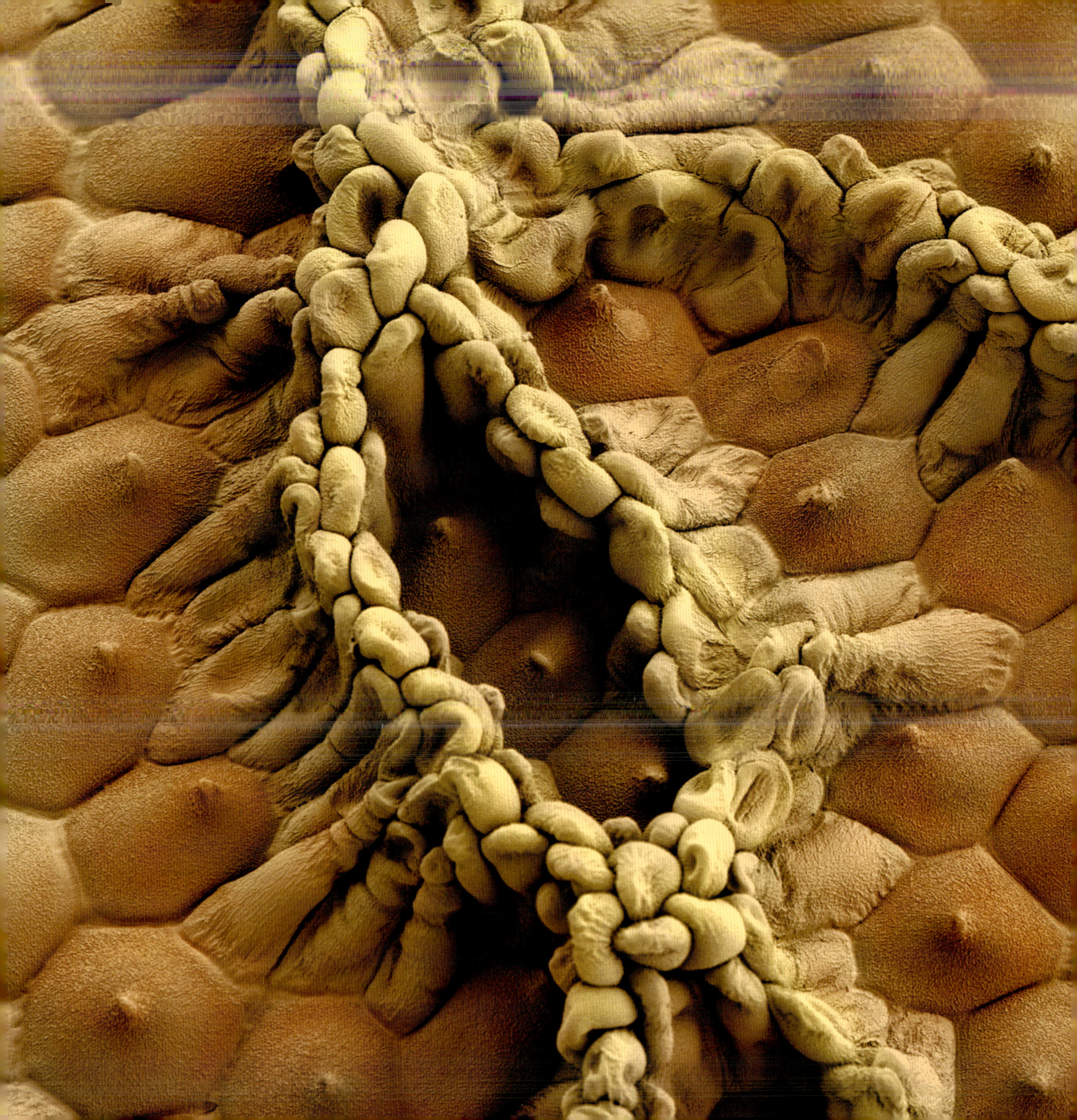

植物と芸術の出会う場所　12

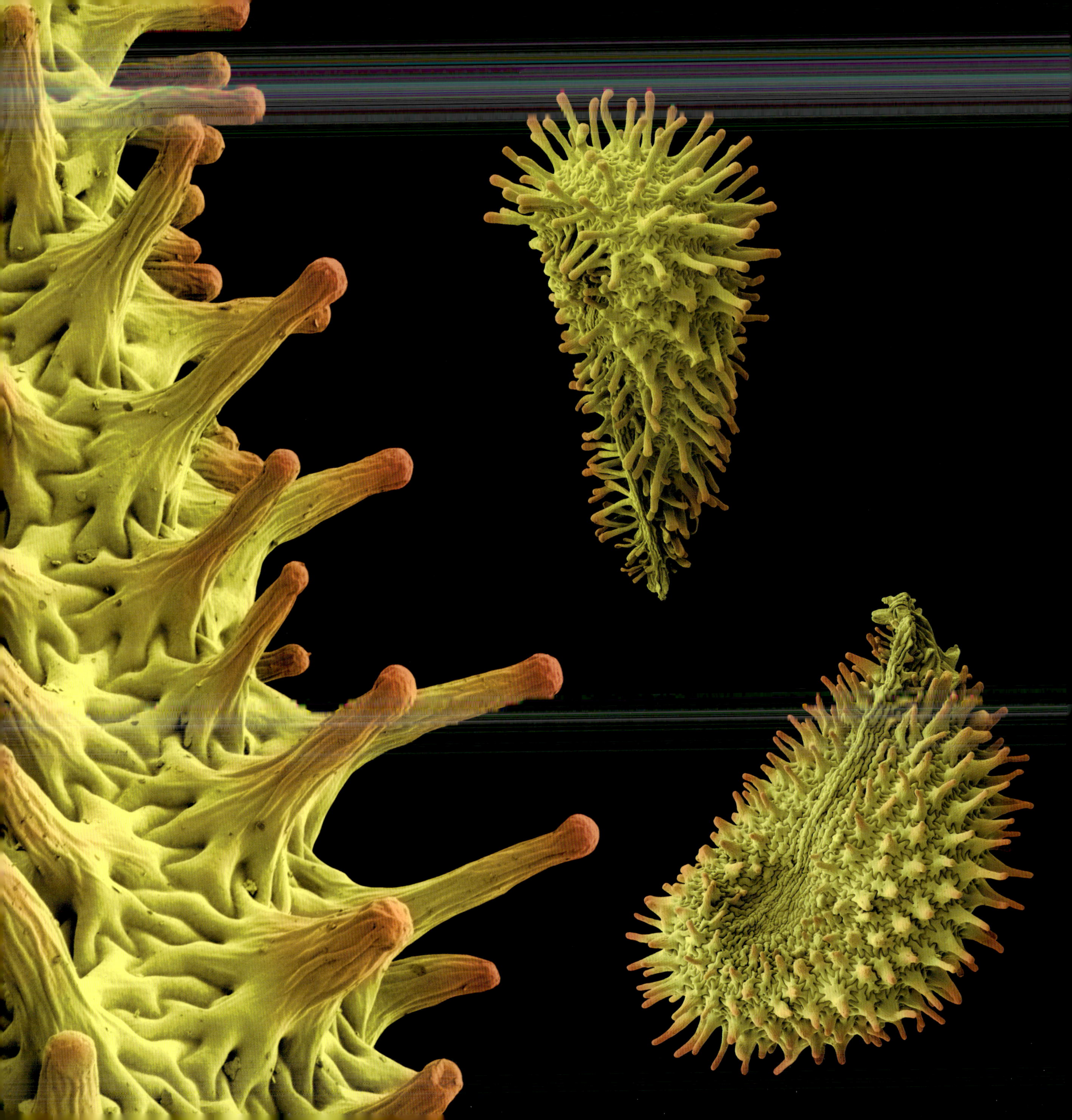

植物と芸術の出会う場所　131

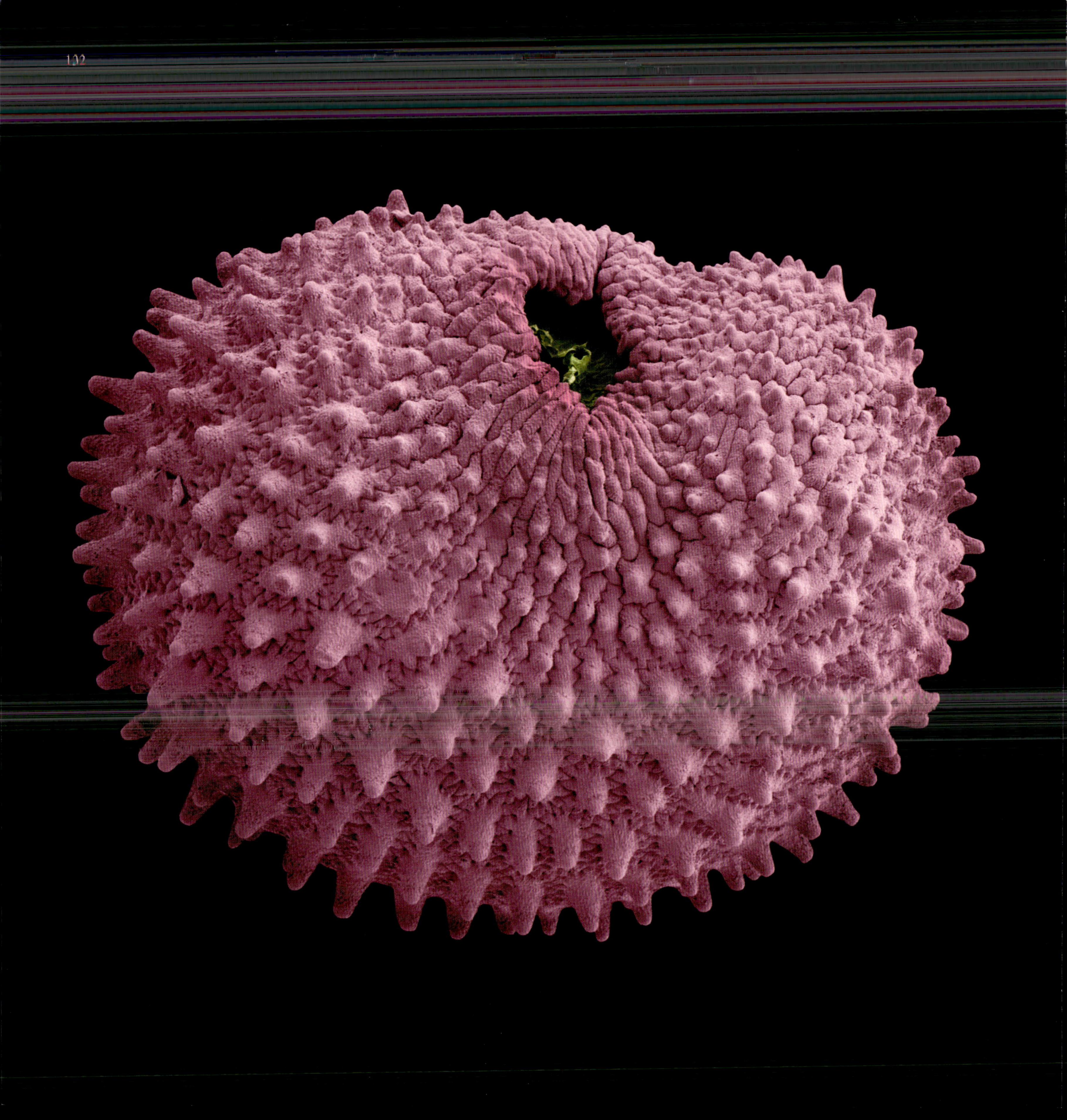

植物と芸術の出会う場所　133

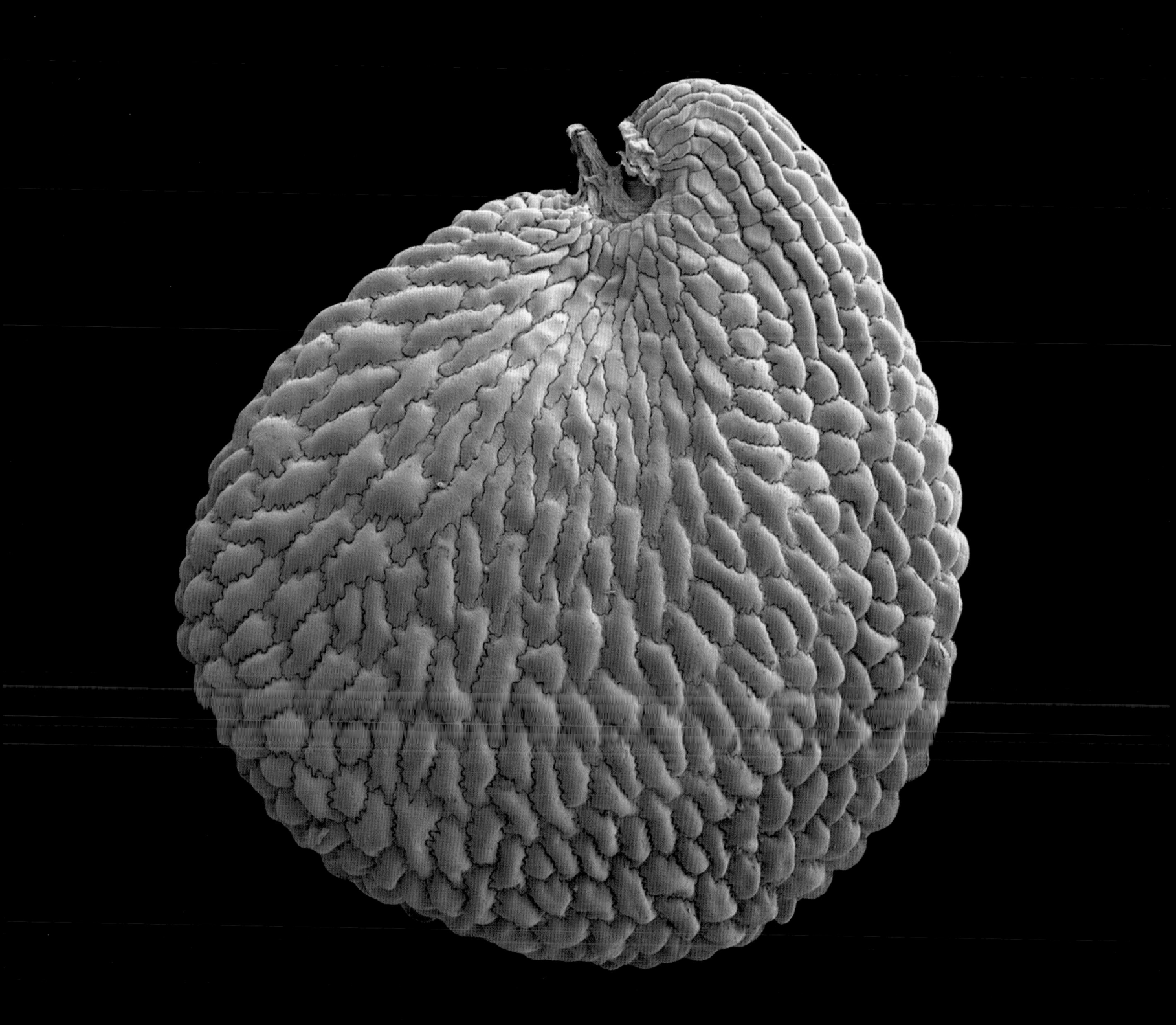

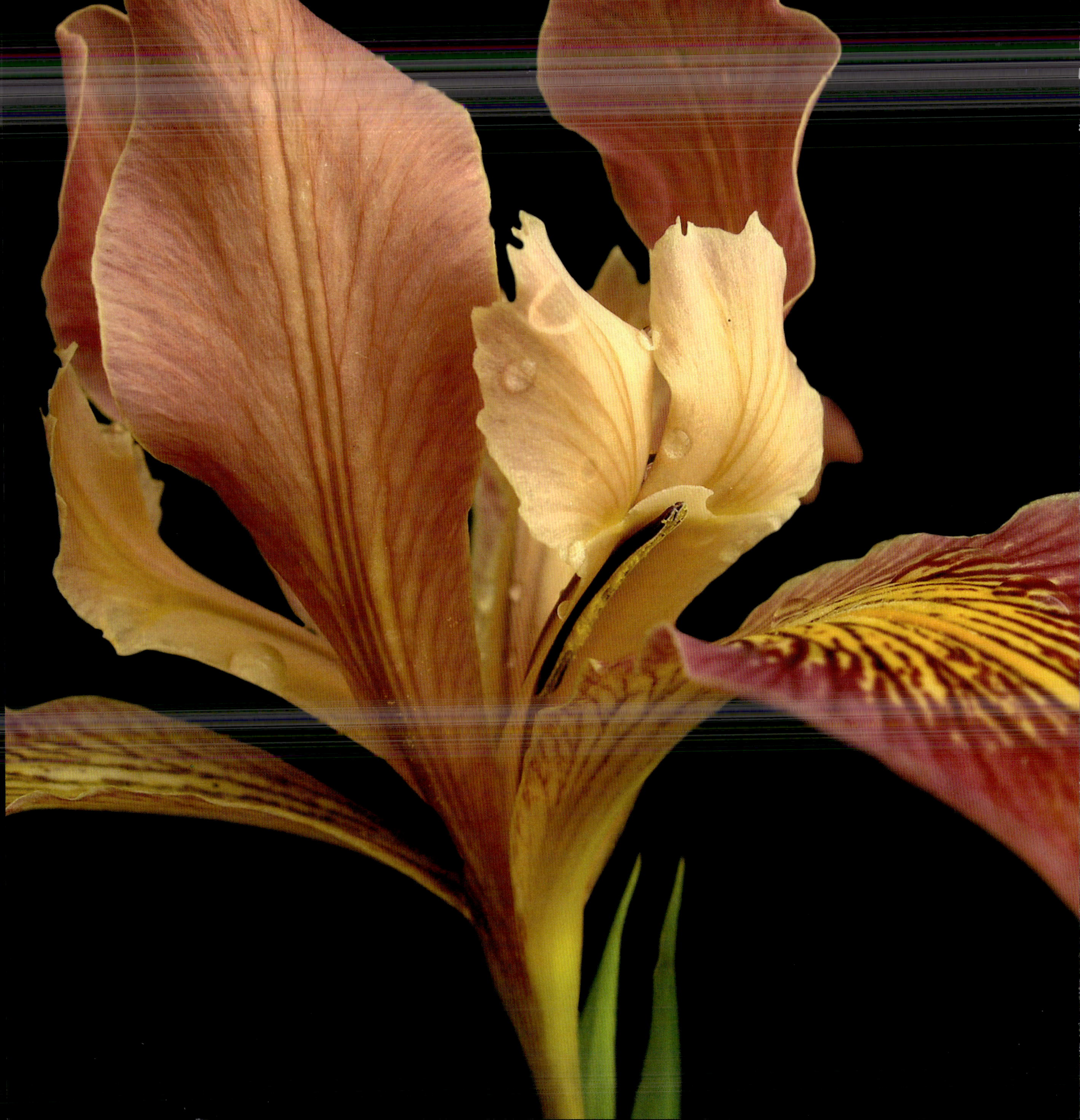

植物と芸術の出会う場所　135

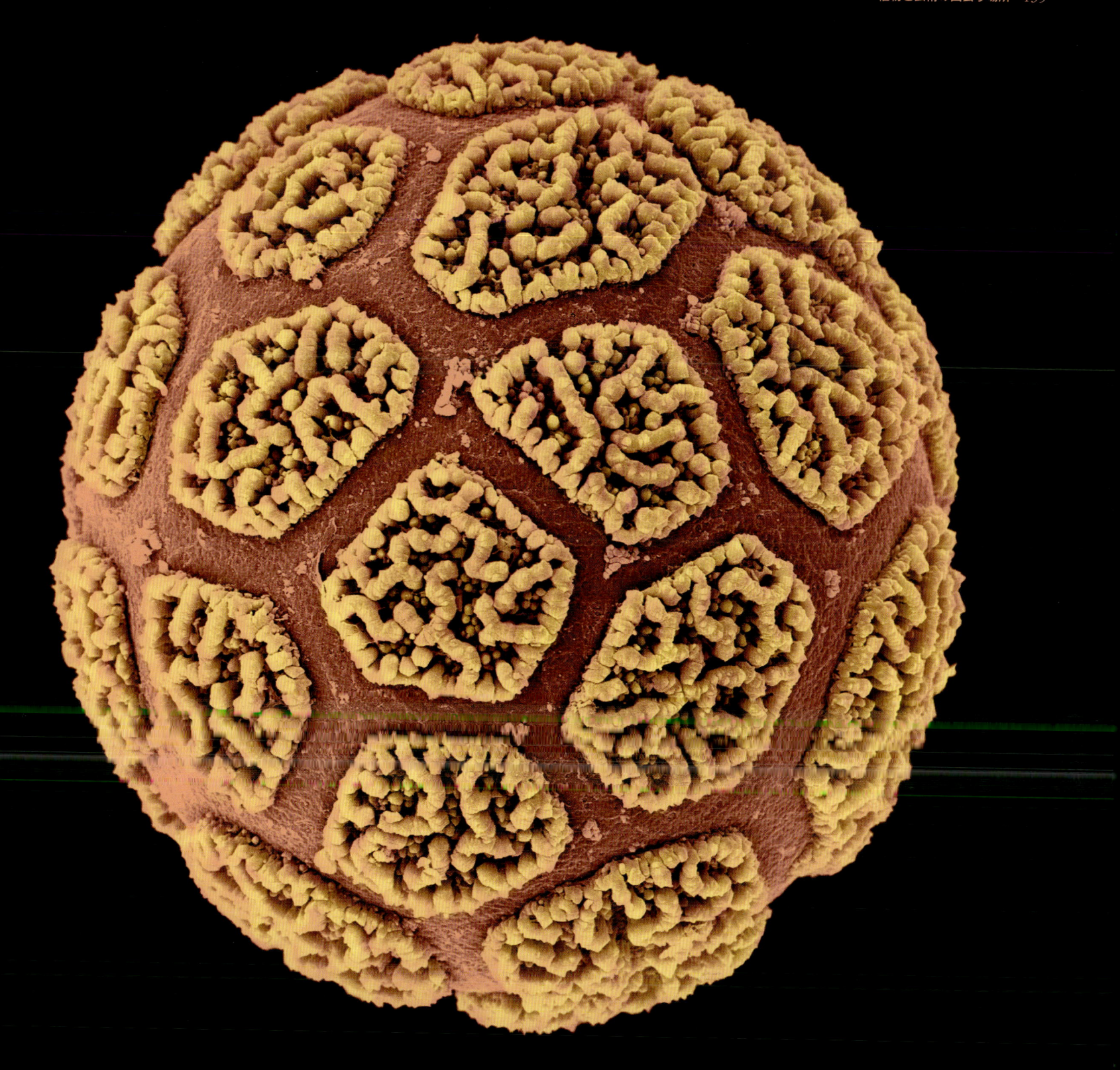

図版説明

同じページに複数の写真がある場合、特に記載のない限り左上から時計回り。説明中の［SEM］は走査電子顕微鏡の略、その後の「×数値」は倍率。

6ページ：オオヒエンソウ属の一種、**デルフィニウム・ペレグリヌム**（キンポウゲ科）Delphinium peregrinum, Ranunculaceae。地中海地域原産。細かい切れ目の入った薄いひだに包まれた風散種子。直径1.5 mm。

7ページ：**モリナ・ロンギフォリア**（モリナ科）Morina longifolia, Morinaceae。ヒマラヤ原産。花粉粒［SEM ×4800］。　**フヨウ**（芙蓉）（アオイ科）Hibiscus mutabilis, Malvaceae。中国と日本が原産地だが米国南部にも自生。種子。風散布に適応して、背側に毛が生えて広がった"パラシュート型"の種子になっている。長さ2.6 mm（毛を含まず）。

8-9ページ：**カランドリニア・エレマエア**（スベリヒユ科）Calandrinia eremaea, Portulacaceae。オーストラリア、タスマニア原産。種子。直径0.56 mm。

10ページ：**エウフォルビア・プニケア**（トウダイグサ科）Euphorbia punicea, Euphorbiaceae。ジャマイカ原産。トウダイグサ科のなかでは際立って美しい花を咲かせる。腎臓のような形をした黄色い蜜腺から花蜜を分泌し、昆虫を招き寄せて送粉させる。

12ページ：**ヒッポクレピス・ウニシリクオサ**（マメ科）Hippocrepis unisiliquosa, Fabaceae。ユーラシア、アフリカ原産。果実。どういう適応戦略の結果として鞘がこの奇妙な形になったのかは解釈が難しいが、平べったくて非常に軽い構造が風散布を助けるのかもしれない。また、果皮の一部がオーバーラップしている点や周縁部に剛毛が生えている点は、動物の毛にひっかかって運ばれる（動物付着散布）のに役立っている可能性がある。直径18 mm。

13ページ：**ブルボスティリス・ヒスピドゥラ・ピリフォルミス亜種**（カヤツリグサ科）Bulbostylis hispidula subsp. pyriformis, Cyperaceae。東アフリカ原産。果実。この果実には特定の散布方式への適応が見られない。イネ科の多くの植物と同様に、この植物も植食動物（草食動物）が草を食べる時に小さな果実も一緒に飲み込んで種子を散布してくれるのに頼っているのかもしれない。長さ1.3 mm。　**スターツデザートピー**（マメ科）Swainsona formosa, Fabaceae。オーストラリア原産。花。この花は血のように鮮烈な赤の中に黒い部分があることで知られる。オーストラリアを象徴する野草のひとつで、学名formosaはラテン語で「美しい」の意味。この花は、鳥が送粉する。

14ページ：**バッコヤナギ**（ヤナギ科）Salix caprea, Salicaceae。ユーラシア原産。花粉粒の集まり［SEM ×1500］。

16ページ：**ダイダイ**（ミカン科）Citrus aurantium, Rutaceae。熱帯アジア原産。細長い溝状の発芽口を3つ持つ花粉粒（三溝粒）。長さ0.03 mm［SEM ×2500］。　**コブミカン**（ミカン科）Citrus hystrix, Rutaceae。インドネシア原産。4枚の白い花弁と多数の雄しべ、目立つ雌しべ（子房は緑色、花柱は白、柱頭は黄色）がある。花の直径は約14 mm。

17ページ：**コブミカン**（ミカン科）Citrus hystrix, Rutaceae。花弁と雄しべの一部を取り除き、雌しべが見えるようにしてある。受精すると子房はこぶのある小さな緑色の果実を作る。つぼみの直径5.5 mm。

18-19ページ：**アーモンド**（バラ科）Prunus dulcis, Rosaceae。西アジア原産。寒冷培地で発芽した花粉［SEM ×1000］。

20ページ：**パウォニア・スピニフェクス**（アオイ科）Pavonia spinifex, Malvaceae。種子。未成熟な殻の裂開による見られる。直径0.15 mm［OEM ×500］。　**ミズノボタン**（ノボタン科）Osbeckia crinita, Melastomataceae。東アジア原産。種子。長さ0.65 mm。

21ページ：**ヒナゲシ**（ケシ科）Papaver rhoeas, Papaveraceae。ユーラシア、北米原産。花粉粒。0.016 mm［SEM ×4000］。　**マンナトネリコ**（モクセイ科）Fraxinus ornus, Oleaceae。ユーラシア原産。花粉粒［SEM ×3500］。　**ミヤマキンポウゲ**（キンポウゲ科）Ranunculus acris, Ranunculaceae。花粉粒。直径0.025 mm［SEM ×1800］。

22ページ：**セイヨウオシダ**（オシダ科）Dryopteris filix-mas, Dryopteridaceae。繁殖をおこなう葉状体（いわゆるシダの葉っぱ）の裏側に、茶色い胞子嚢群が並んでいる。

23ページ：左下＝**テマリカタヒバ**（イワヒバ科）Selaginella lepidophylla, Selaginellaceae。メキシコのチワワ砂漠原産。ほぼ完全に乾燥しても生き延びることのできる「復活草」。水分を吸うと、きっちり巻き込まれた葉が広がる。　右下＝**ツルアミシダ**（ヒメシダ科）Ampelopteris prolifera, Thelypteridaceae。旧世界熱帯地域原産。濃緑色でコケ類に似た前葉体の下から、若い胞子体が顔を出している。

24ページ：**セイチュウガシ**（ブナ科）Cyclobalanopsis sichourensis (Fagaceae)。中国原産の稀少種。ドングリの蓋が開くような格好で発芽する。直径約4 cm。　**イチョウ**（イチョウ科）Ginkgo biloba, Ginkgoaceae。中国原産。1個の種子から2本の芽が出ている。約3 cm。　**スナバコノキ**（トウダイグサ科）Hura crepitans, Euphorbiaceae。南米、カリブ海諸島原産。発芽した苗。大きな円盤状の種子（約2 cm）は、蓄えた栄養分が苗に使い果たされるまでくっついている。　**アカキア・ラエタ**（マメ科）Acacia laeta, Fabaceae。アフリカ、中東原産。発芽しかけの種子。長さ約4 cm。

25ページ：**オルトカルプス・ルテウス**（ハマウツボ科）Orthocarpus luteus, Orobanchaceae。北米原産。種子。長さ1.3 mm。　**メロカクトゥス・ゼーントネリ**（サボテン科）Melocactus zehntneri, Cactaceae。ブラジル原産。種子。珠柄の一部（長い茎状の部分）がまだ付いたままになっている。長さ1.2 mm。　**ガルキニア・アレニコラ**（オトギリソウ科）Garcinia arenicola, Clusiaceae。マンゴスチンの仲間で、マダガスカルに生育する。発芽したばかりの苗。高さ約10 cm。

26ページ：**タキユリ**（ユリ科）Lilium speciosum var. clivorum, Liliaceae。日本原産。花粉でいっぱいの葯。　**ネリネ・ボウデニイ**（ヒガンバナ科）Nerine bowdenii, Amaryllidaceae。南アフリカ原産。花粉粒。長さ0.1 mm［SEM ×1000］。

27ページ：**アカキアの仲間、アカキア・リケアナの交雑種**（マメ科）Acacia riceana hybrid, Fabaceae。タスマニア原産。いくつもの花粉のかたまり（多集粒）3個。長さ0.035 mm［SEM ×1500］。

28ページ：**ディニジア・エクスケルサ**（マメ科）Dinizia excelsa, Fabaceae。ブラジル、ガイアナ原産。4個一組の花粉（四集粒）。直径0.05 mm。　**ヒレハリソウ**（通称コンフリー）（ムラサキ科）Symphytum officinale, Boraginaceae。ヨーロッパ原産。2個の花粉粒。赤道に沿って発芽口が並んでいる。［SEM ×2000］。　**ドリミス・ウィンテリ**（シキミモドキ科）Drimys winteri, Winteraceae。チリ、アルゼンチン原産。花粉（四集粒）。直径0.04 mm。　**マメ科ハカマカズラ属の1種** Bauhinia sp., Fabaceae。花粉（四集粒）。直径0.08 mm［SEM ×800］。

29ページ：**トルコギキョウ**（リンドウ科）Eustoma grandiflorum, Gentianaceae。アメリカ、カリブ海諸島原産。葯の表面についている花粉。細長い発芽口が1つだけある（単溝粒）。花粉粒の長さ0.016 mm［SEM ×3500］。

30ページ：**ヨウシュメハジキ**（シソ科）Leonurus cardiaca, Lamiaceae。中央アジア原産。花粉粒2個。発芽口膜に、特徴的な「はしご状の」断裂が見える。［SEM ×3000］。　**マルメロ**（バラ科）Cydonia oblonga, Rosaceae。古代からの栽培種。花粉。細長い溝状の発芽口が3つある三溝粒で、写真では残りの2つは裏側になっていて見えない。長さ0.045 mm［SEM ×2000］。　**カンシャクヤク**（寒芍薬、通称クリスマスローズ）（キンポウゲ科）Helleborus orientalis, Ranunculaceae。ギリシャ、トルコ原産。三溝の花粉粒。直径0.034 mm［SEM ×2000］。

31ページ：**セイヨウハナズオウ**（マメ科）Cercis siliquastrum, Fabaceae。ヨーロッパ南部原産。三溝の花粉粒。長さ0.03 mm［SEM ×1500］。

32ページ：**ペルソオニア・モリス**（ヤマモガシ科）Persoonia mollis, Proteaceae。オーストラリア原産。丸い発芽口を3つ持つ三孔型の花粉粒がいくつか集まっているところ。［SEM ×1000］。　**ヘミジギア・トランスヴァーレンシス**（シソ科）Hemizygia transvaalensis, Lamiaceae。南アフリカ原産。六溝の花粉粒。［SEM ×1500］。　**サルヴィア・ドリシアナ**（通称フルーツセージ）（シソ科）Salvia dorisiana, Lamiaceae。ホンジュラス原産。三溝の花粉粒。長さ0.07 mm［SEM ×1300］。

33ページ：**アワユキハコベ**（ナデシコ科）Stellaria holostea, Caryophyllaceae。ヨーロッパ原産。12個の丸い発芽口を持つ花粉粒。直径0.035 mm［SEM ×900］。　**ムギセンノウ**（ナデシコ科）Agrostemma githago, Caryophyllaceae。ヨーロッパ原産。多数の発芽口がある花粉粒。直径0.06 mm［SEM ×1500］。

34ページ：花が咲き乱れる南アフリカのナマクワランド。春になって雨が降ると、半砂漠だった景色が一変し、自然の驚異を感じさせる世界でも類を見ない風景が現れる。

35ページ：**ガザニア・クレブシアナ**（キク科）Gazania krebsiana, Asteraceae。ナマクワランドで最も鮮やかな花を咲かせる野生種のひとつ。

36ページ：**セイヨウヤマハンノキ**（カバノキ科）Alnus glutinosa, Betulaceae。ヨーロッパ原産。花粉をまき散らす雄花の尾状花序。上方には去年の受粉でできた雌花の球果［松かさのような形をしている］が見える。　**セイヨウハシバミ**（カバノキ科）Corylus avellana, Betulaceae。ユーラシア原産。典型的な風媒花粉。花粉粒の表面がなめらかで、粘着性の花粉外被はない。［SEM ×2000］。　**オオスズメノカタビラ**（イネ科）Poa trivialis, Poaceae。発芽口が1つの花粉粒（単孔粒）。直径0.055 mm［SEM ×1500］。

37ページ：**ラジアータパイン**（マツ科）Pinus radiata, Pinaceae。カリフォルニア原産。花粉粒2個。それぞれの花粉粒に空気袋が2つあり、これが風による送粉に役立つ。幅0.06 mm［SEM ×2000］。　**セイヨウハシバミ**（カバノキ科）Corylus avellana, Betulaceae。ユーラシア原産。雌花。空中の花粉を捉えるために、枝分かれした赤い柱頭を出している。風媒植物がたいていそうであるように、セイヨウハシバミも小さな雄花と雌花を別々につけ、目立つ花被はない。

38ページ：熱帯地域で夜に咲く花の送粉をする舌の長いコウモリ。花はマルケア・ネウランダ（キツネノマゴ科）Marckea neurantha, Solanaceae、コウモリはコミサリスシタナガコウモリ（ヘラコウモリ科）Glossophaga commissarisi, Phyllostomidae。

39ページ：**アルフィトニア・エクスケルサ**（クロウメモドキ科）Alphitonia excelsa, Rhamnaceaeの花を訪れたミツバチ。

40ページ：**シャクナゲ"ナオミ・グロー"**（園芸品種）（ツツジ科）Rhododendron cv. 'Naomi Glow', Ericaceae。花のクローズアップ。この花の花粉は粘着性の花粉外被に覆われてはおらず、かわりに伸縮性も粘着性もないが柔軟性はあるビシンという物質でできた糸でひも状に連なっており、訪れた昆虫にくっつく。

41ページ：**カンシャクヤク**（寒芍薬、通称クリスマスローズ）（キンポウゲ科）Helleborus orientalis, Ranunculaceae。ギリシャ、トルコ原産。花粉の集まりのクローズアップ。粘着性の花粉外被が花粉同士をくっつけているのがわかる。［SEM ×1000］

42ページ：**オルベア・ルテア**（キョウチクトウ科）Orbea lutea, Apocynaceae。南アフリカ原産。クロバエなどの腐肉食ハエ類による送粉に適応した花。腐ったような悪臭を放ち、花のふちには死んだ動物の毛皮を真似た毛が生えている。

43ページ：左＝**オフリス・アピフェラ**（ラン科）Ophrys apifera, Orchidaceae。ヨーロッパ、北アフリカ原産。この花はメスのハナバチを真似た姿をしていて、オスのハナバチを引き寄せる。オスが花との交

Phytolacca acinosa, Phytolaccaceae。東アジア原産。花。直径7.5 mm。

4ページ：上＝**ヤグルマギク**（キク科）*Centaurea cyanus*, Asteraceaeの花を訪れた**セイヨウミツバチ** *Apis mellifera*。　下＝**ルドベッキア・ヒルタ "プレーリー・サン"**（キク科）*Rudbeckia hirta* 'Prairie Sun', Asteraceae。花冠。左の写真は通常の状態で見たところ、右は紫外線が映るカメラで撮影した写真。ハナバチにははっきり見える蜜標（牛の目のような"標的"）がよくわかる。

5ページ：**セイヨウオオマルハナバチ** *Bombus terrestris* L. の後肢に付いた**ウスベニアオイ**（アオイ科）*Malva sylvestris*, Malvaceae の花粉。[SEM ×100]

6ページ：**セイヨウトチノキ**〔通称マロニエ〕（ムクロジ科）*Aesculus hippocastanum*, Sapindaceae。ヨーロッパ南東部原産。花と花粉粒[SEM ×3000]。左右相称のこの花の花びらには蜜標標識の役目をする色のついた部分がある。蜜標はハナバチ媒花では非常によく見られる。

7ページ：**シレネ・ディオイカ**（ナデシコ科）*Silene dioica*, Caryophyllaceae。ヨーロッパ原産。花と花粉粒 [SEM ×2000]。平らな皿状の花冠（足場）、赤い色、長く細い花筒とその奥深くに隠された蜜は、チョウ媒花の典型的な特徴である。

8ページ：**ランタナ**（クマツヅラ科）*Lantana camara*, Verbenaceae の花にとまる**オオカバマダラ**。

9ページ：**アングラエクム・セスクィペダレ**（ラン科）*Angraecum sesquipedale*, Orchidaceae の送粉をする**キサントパンスズメガ** *Xanthopan morganii praedicta*。このスズメガは、花の異常に長い距（30 〜 35 cm）の底にある花蜜に届く口吻を持った唯一の昆虫である。**アントケルキス・イリキフォリア**（ナス科）*Anthocercis ilicifolia*, Solanaceae。オーストラリア原産。この花の送粉者が何かはよくわかっていないが、かすかに匂いがあることからガによる媒介ではないかと考えられる。

10ページ：**インパティエンス・ティンクトリア**（ツリフネソウ科）*Impatiens tinctoria*, Balsaminaceae。アフリカ原産。えんじ色の模様のついた花喉、長い距、夜に芳香をただよわせることなどは、明らかにガによる送粉への適応である。

11ページ：**ヘビウリ**（ウリ科）*Trichosanthes cucumerina*, Cucurbitaceae。アジア原産。ガによる送粉に適応した花。ヘビウリは熱帯から亜熱帯にかけて生育し、強い香りを放つレースのような白い花は夜だけ咲いてしぼむ。アジアでは、ヘビのように細長い実を食用にする。

12ページ：**トゲノオイセドキ**（アオイ科）*Abroma augusta*, Malvaceae。熱帯アフリカ原産。紫色または茶色の釣り鐘のような形の花。クロバエ科（Miliichiidae）の小さなハエが送粉する。クロバエ科のハエはノリの葉や鳥の巣の中の小動物と共にも見られる。

13ページ：**ノエルア・レスロピィ** *Haemaria*
discolor, Apocynaceae。アフリカ原産。典型的な腐生ハエ媒化で、腐りかけの肉のような外見と臭いでクロバエ類を誘引する。騙されたハエは花喉に産卵し、知らぬ間に送粉者にされる（花の中に白い卵のかたまりが見える）。**セイブクロバナロウバイ**（ロウバイ科）*Calycanthus occidentalis*, Calycanthaceae。カリフォルニア固有種。低く咲く大きくしっかりしたこの花では、甲虫が送粉を行う。

14ページ：**チャノドコバシタイヨウチョウ** *Anthreptes malacensis*。

15ページ：**エリカ・レギア**（ツツジ科）*Erica regia* Ericaceae。南アフリカの「フィンボス」という独特の植生地帯が原産。ぶら下がって咲く筒状の赤い花は明らかに鳥類媒花であることを示している。頑丈な枝は花蜜を吸いに来るタイヨウチョウの重さを十分に支えることができる。

16ページ：**テロペア・スペキオシッシマ**（ヤマモガシ科）*Telopea speciosissima*。通称をワラタと呼び、オーストラリアのニューサウスウェールズ州の固有種。どっしりとした質感を持つ花序と鮮烈な赤い色が、典型的な鳥類媒であることを示す。生育地のニューサウスウェールズでは、ミツスイ（ミツスイ科の鳥）がこの花の主な送粉者となる。

17ページ：**ソーセージノキ**（ノウゼンカズラ科）*Kigelia africana*, Bignoniaceae。熱帯アフリカ原産。花蜜が豊富な濃赤色の花は夜咲きで、花の主要な送粉者はコウモリであるが、昆虫やタイヨウチョウもやってくる。

57ページ：アフリカバオバブとも呼ばれる**アダンソニア・ディギタタ**（アオイ科）*Adansonia digitata* (Malvaceae)。アフリカ原産。直径10 〜 20 cmほどの白い花は夜に咲き、甘い香りを漂わせる。長い花茎の先にぶらさがっているためコウモリが訪れて豊かな花蜜を食べやすい。ポンポンのように広がった雄しべはコウモリ媒花によく見られ、訪問者の毛にしっかり花粉をまぶすはたらきをする。

58ページ：**フクロミツスイ**（フクロミツスイ科）*Tarsipes rostratus*, Tarsipedidae。オーストラリアの小さな有袋類で、花から得られる花蜜と花粉だけで生きている。特にヤマモガシ科の細長い花を好む。鼻は長く突き出ていて、歯はまったくないかあってもごくわずかであり、先端がブラシのようになった細長い舌を持っていることなど、花蜜と花粉に特化した食物採取に適応したことがはっきりわかる。

60ページ：**オランダイチゴ**（バラ科）*Fragaria × ananassa*, Rosaceae。栽培種のみが知られている。若い果実。イチゴの花は、饅頭型の花托の上に個々別々の心皮が多数配置されている。受粉すると花托が成長して多肉質の可食部になる。心皮は肥大した赤い花托に埋め込まれたように表面に点々と並ぶ茶色い粒状の小堅果になる。落ちずに残っている花柱が、イチゴのかすかにざらっとした質感を生み出す。直径1.2 cm。

61ページ：**ナガミキンカン**（ミカン科）*Citrus margarita*, Rutaceae。古くから栽培されてきた種で、原産地はおそらく中国南部。果実を横に切った断面。直径2.1 cm。柑橘類の実の可食部（薄皮の小袋の内部）は、子房壁の内側にある砂瓤というごく小さな袋の集まりである。

62ページ：左上＝**ドロセラ・ナタレンシス**（モウセンゴケ科）*Drosera natalensis*, Droseraceae。アフリカ南部とマダガスカル原産。種子。長さ0.8 mm。　上中央と右下＝マンテマ属の1種、**ハマベマンテマ**（ナデシコ科）*Silene maritima*, Caryophyllaceae。ヨーロッパ原産。種子2個。長さ1.3 mm。　右上＝**マンテマ**（ナデシコ科）*Silene gallica*, Caryophyllaceae。ユーラシア、北アフリカ原産。種子。長さ1.5 mm。左下＝**クラッスラ・ペルキダ**（ベンケイソウ科）*Crassula pellucida*, Crassulaceae。南アフリカ原産。種子。長さ0.8 mm。

63ページ：**ステラリア・プンゲンス**（ナデシコ科）*Stellaria pungens*, Caryophyllaceae。オーストラリア原産。種子。長さ1.5 mm。**カスティレヤ・フラウァ**（ハマウツボ科）*Castilleja flava*, Orobanchaceae。北米原産。種子。長さ1.5 mm。

64ページ：**アカキア・ウィッタタ**（マメ科）*Acacia vittata*, Fabaceae。オーストラリア南西部原産。裂開した後の果実（右上）と種子（帽子のようなエライオソームが備わっている）。果実の長さ21 mm、種子の長さ5.5 mm。**アカキア・キクロプス**（マメ科）*Acacia cyclops*, Fabaceae。オーストラリア南西部原産。周囲を明るいオレンジ色の仮種皮で囲まれた種子。仮種皮を餌にして鳥を呼び寄せ、種子を散布してもらう。長さ9 mm（仮種皮を含む）。

65ページ：**アカバナルリハコベ**（ヤブコウジ科）*Anagallis arvensis*, Myrsinaceae。ヨーロッパ原産。果実と種子。アカバナルリハコベの蒴果は蓋が開くように裂開し、中の種子がこぼれ出る。しっかりした花柱が蓋のてっぺんに残っているのは、花柱が通りかかった動物にひっかけられたり、あるいは風で揺れて他の植物にぶつかったりすることで、蓋が開きやすくなる効果があるのかもしれない。果実の直径4 mm。

66ページ：**スペルグラリア・メディア**（ナデシコ科）*Spergularia media*, Caryophyllaceae。ユーラシア、北アフリカ原産。周縁にぐるりと翼のついた種子は風散布に適している。直径1.5 mm（翼を含む）。**ガリンソガ・ブラキステファナ**（キク科）*Galinsoga brachystephana*, Asteraceae。中南米原産。バドミントンのシャトルコックに似た小さな果実。変形した萼が放射状に広がって、羽毛の生えた翼のような役目を果たす。長さ2.5 mm。

片。風散布に適応したものと考えられる。長さ4.3 mm。**ネメシア・ウェルシコロル**（オオバコ科）*Nemesia versicolor*, Plantaginaceae。南アフリカ原産。風散布しやすいよう側面に翼を持つ種子。長径2.4 mm（翼を含む）。

67ページ：**ヒメノディクティオン・フロリブンドゥム**（アカネ科）*Hymenodictyon floribundum*, Rubiaceae。アフリカ原産。非常に薄い風散布種子で、周囲に翼が広がっている。長さ8.2 mm。

68ページ：**ヤナギラン**（アカバナ科）*Epilobium angustifolium*, Onagraceae。北半球に広く分布。風散を助ける長い毛が房になって生えている種子。長さ0.95 mm（毛を含まず）。

69ページ：**アルテディア・スクアマタ**（セリ科）*Artedia squamata*, Apiaceae。キプロスおよび地中海東部地域の固有種。周囲に翼を持つ平べったい風散果実。長さ10 mm。　**モモイロノヂシャ**（オミナエシ科）*Valerianella coronata*, Valerianaceae。原産地は地中海沿岸、南西アジア、中央アジア。肥大した萼がパラシュートのように拡がり、萼片の先端が細く伸びて鉤爪状になって、風散布と動物付着散布の両方に適応している。直径5.2 mm。　**キリ**（キリ科）*Paulownia tomentosa*, Paulowniaceae。中国原産。風に乗って飛散しやすいよう、周りに裂片状の羽根がついた種子。長さ4.4 mm。　**スカビオサ・クレナタ**（マツムシソウ科）*Scabiosa crenata*, Dipsacaceae。地中海地域原産。この果実は二重の散布戦略を取っている。紙のような環状部は風散布に適応し、細かいトゲがびっしり生えた芒（萼に由来）は通りかかった動物の毛にひっかかりやすい。直径7.2 mm。

70ページ：埃のような微小な種子の例。　左上＝**ブロスフェルディア・リリプタナ**（サボテン科）*Blossfeldia liliputana*, Cactaceae。アルゼンチン、ボリビア原産。アリ散布のためのエライオソームがついた種子。長さ0.65 mm（エライオソームを含む）。ブロスフェルディア・リリプタナはサボテンのなかで最も小さく、成長しても直径が12 mmしかない。　右上＝**ドロセラ・キスティフロラ**（モウセンゴケ科）*Drosera cistiflora*, Droseraceae。南アフリカ原産。種子。長さ0.5 mm。　中左＝**スペルグラリア・ルピコラ**（ナデシコ科）*Spergularia rupicola*, Caryophyllaceae。ヨーロッパ原産。種子。長さ0.6 mm。　中央＝**ドロセラ・カピラリス**（モウセンゴケ科）*Drosera capillaris*, Droseraceae。米国東部原産。種子。長さ0.6 mm。　下左＝**トルミエア・メンジエシイ**（ユキノシタ科）*Tolmiea menziesii*, Saxifragaceae。米国オレゴン州原産。種子。直径0.6 mm。　下右＝**クシフラガ・ウンブロサ**（ユキノシタ科）*Saxifraga umbrosa*, Saxifragaceae。ピレネー山脈の固有種。種子。長さ0.8 mm。

71ページ：**エリカ・キリアリス**（ツツジ科）*Erica ciliaris*, Ericaceae。ヨーロッパ、北アフリカ原産。種子。長さ0.7 mm。　右＝葡萄色・**スタンホペア・ティグリナ**（ラン科）*Stanhopea tigrina*, Orchidaceae。熱帯アメリカ原産。微小な風散種子。ゆるい袋のような種皮を持つ。長さ0.66 mm。　右下＝**ハマウツボ属の1種**（ハマウツボ科）*Orobanche* sp., Orobanchaceae。ギリシャで採取された種子。0.35 - 0.4 mm。

72-73ページ：**レウコクリスム・モレ**（キク科）*Leucochrysum molle*, Asteraceae。オーストラリア原産。73ページは種子全体。72ページは種子の冠毛の先のクローズアップで、偶然にキク科の花粉が1粒はさまっている。花粉粒の直径0.025 mm。

74ページ：見事なハニカムパターンを持つ種子の例。**ロアサ・キレンシス**（シレンゲ科）*Loasa chilensis*, Loasaceae。チリ原産。長さ1.5 mm。　**カスティレヤ・エクセルタ・ラティフォリア**（ハマウツボ科）*Castilleja exserta* subsp. *latifolia*, Orobanchaceae。カリフォルニア原産。種子。長さ1.9 mm。　**ラモウロウクシア・ウィスコサ**（ハマウツボ科）*Lamourouxia viscosa*, Orobanchaceae。メキシコ原産。種子。長さ1.2 mm。

75ページ：**ロアサ・キレンシス**（シレンゲ科）*Loasa chilensis*, Loasaceae。種皮の細部拡大［SEM ×150］。

76ページ：左＝**アレチキンギョソウ**（オオバコ科）*Antirrhinum orontium*

（果）。果実が風で揺れたり、通りがかった動物によって動かされたりすると、孔から種子が振り出される。残存した花柱が堅い棘となって長く伸びているのは、動物がそこをひっかけて果実を揺するのを期待した適応かもしれない。果実の長さ7mm。　右＝**シレネ・ディオイカ**（ナデシコ科）*Silene dioica*, Caryophyllaceae。ヨーロッパ原産。種子と果実。茎の先の蒴果が風に揺れると、種子が放出される。種子の長さ1.2 mm。

77ページ：**シレネ・ディオイカ**（ナデシコ科）*Silene dioica*, Caryophyllaceae。種子。　　**アレチキンギョソウ**（オオバコ科）*Antirrhinum orontium*, Plantaginaceae。種子。長さ1.1 mm。　**ヒナゲシ**（ケシ科）*Papaver rhoeas*, Papaveraceae。ユーラシア、北アフリカ原産。果実（蒴果）。直径6.5 mm。長い茎の先の果実が風で揺れると、上部の孔から種子が振り出される。

78ページ：**ミフクラギ**（キョウチクトウ科）*Cerbera manghas*, Apocynaceae。原産地はセーシェルから太平洋にかけて。漂流果実。インド洋から太平洋にかけての海岸によく漂着する。繊維状でかさのあるコルク質の中果皮によって、長期間海上を漂うための浮力が得られる。果実の長さ9 cm。　　**ニッパヤシ**（ヤシ科）*Nypa fruticans*, Arecaceae。原産地は南アジアからオーストラリア北部にかけて。ココナッツに似た単一種子の果実を縦に割った断面。種子はまだ親植物についている時に発芽し、先のとがった芽が親から離れるのを助ける。海水に耐える堅い外果皮と骨質で堅い内果皮の間に繊維質でスポンジのような中果皮があり、この内果皮が浮力を生み出す。長さ11.5 cm。

79ページ：**サキシマスオウノキ**（アオイ科）*Heritiera littoralis*, Malvaceae。旧世界熱帯域原産。ナッツに似た海水を通さない果実の中には丸い種子が1個入っており、種子の周囲に広い隙間がある。背側の筋状の出っ張りが舟の帆のような役目を果たす。長さ最大10 cm。　**アサザ**（ミツガシワ科）*Nymphoides peltata*, Menyanthaceae。ユーラシア原産。ページ左下は水散布に適応した種子、右下は種子周縁部の毛の先端のクローズアップ。この種子は水よりも重いが、平たい形と撥水性のある表面と縁部分の硬い毛のおかげで、水の表面張力を利用して浮くことができる。種子の長さ5 mm（毛を含む）。

80ページ：いろいろな漂流種子と漂流果実。**サキシマスオウノキ**（アオイ科）*Heritiera littoralis*, Malvaceae の果実や、伝説的なシー・ビーンで十字形の溝のある「マリアの豆」こと**メレミア・ディスコイデスペルマ**（ヒルガオ科）*Merremia discoidesperma*, Convolvulaceae、「シー・ハート」の別名を持つ**エンタダ・ギガス**（マメ科）*Entada gigas*, Fabaceae、「ハンバーガー・ビーン」と呼ばれる**マメ科トビカズラ属** *Mucuna* spp. の種子、**ソロツヅ** *Caesalpinia bonduc*、**マメ科ツバツレバ属** *Dioclea* spp. の種子が混在している。

81ページ：**ハスノミカズラ**（マメ科）*Caesalpinia major*, Fabaceae。熱帯各地で見られる。種子。長さ2.5 cm。　**ムクナ・ウレンス**（マメ科）*Mucuna urens*, Fabaceae。中南米原産の代表的な「ハンバーガー・ビーン」。直径2.5 cm。　　**エンタダ・ギガス**（マメ科）*Entada gigas*, Fabaceae。熱帯アメリカとアフリカに生育するつる性植物の巨大な豆鞘（最大1.8 m）の中にできる種子で、ハートに似た形から「シー・ハート」と呼ばれる。直径約4.5 cm。

82ページ：**フタゴヤシ**（ヤシ科）*Lodoicea maldivica*, Arecaceae。オオミヤシともいう。セーシェル原産。ヤシの1種に実る単一種子の果実で、開花から実の成熟までに7〜10年を要する。中には世界最大の種子が入っている。果実の長さ33 cm。　　**モラ・メギストスペルマ**（マメ科）*Mora megistosperma*, Fabaceae。熱帯アメリカ原産。上は単独の種子、下は種子2個が入った果実。この植物の種子は双子葉植物としては世界一の大きさで、最大で長さ18 cm、重さ1 kg近くにもなる。写真の種子は長さ約12 cm。

83ページ：**シナミズキ・カルウェスケンス変種**（マンサク科）*Corylopsis sinensis* var. *calvescens*, Hamamelidaceae。中国原産。果実は徐々に裂開して、極めて堅い内果皮が乾燥に従い変形して子房室内の種子を万力のよ

（果）。果実が風で揺れたり、通りがかった動物によって動かされたりすると、孔から種子が振り出される。残存した花柱が堅い棘となって長く伸びているのは、……

リネソウ科）*Impatiens glandulifera*, Balsaminaceae。ヒマラヤ原産。破裂後の果実。成熟すると少しの刺激で果実が破裂し、小さな黒い種子を最大5 mも飛ばす。

84ページ：イチジクの1種から実をひとつ取った**ガンビアケンショウコウモリ**（オオコウモリ科）*Epomophorus gambianus*, Pteropodidae。熱帯雨林では鳥やサルと並んで果食コウモリも重要な種子散布動物である。

85ページ：イチジクの1種、**フィクス・ウィロサ**（クワ科）*Ficus villosa*, Moraceae。熱帯アジア原産。果実を縦に切った断面（果実の直径12 mm）と、木に実る果実。イチジクの約750種の植物は、イチジク状花序（花嚢）と呼ばれる変わった花序の中に無数の小さな花を包み込み、受粉すると、一般にイチジク状果と呼ばれる果実を実らせる。この果実は、形態学的にはヒマワリの花の縁が花全体を中に包み込むようにすぼまって壺状になり、頂上に小さな開口部（小孔）だけが残ったようなものと考えればよい。果実内部への入口はぎっしり詰まった多数の苞葉でふさがれているが、受粉の時期になると狭い通路ができて、花の密集する内部の空洞に送粉者である小さなイチジクコバチ（イチジクコバチ科）がもぐりこめる。フィクス・ウィロサやその他の種では、イチジク状果の内部の空洞が受粉前にねばねばした液体で満たされる。

86ページ：イワムラサキの変種**ハッケリア・デフレクサ・アメリカナ**（ムラサキ科）*Hackelia deflexa* var. *americana*, Boraginaceae。北米原産。単一種子の小堅果。表面がかえしのついた棘で覆われ、鳥や動物の毛、人間の衣服にひっかかりやすくなっている。ムラサキ科の多くの植物がそうであるように、イワムラサキの子房は深い切れ込みで分かたれた4枚の裂片でできており、成熟すると4個の単一種子小堅果に分かれる。棘も含めた小堅果の長さは3.5 mm。

87ページ：**シラホシムグラ**（アカネ科）*Galium aparine*, Rubiaceae。ユーラシア、アメリカ原産。左上＝果実。果実は2枚の心皮が合着した雌蕊から発達し、成熟すると2個の小堅果に分かれる。右下＝若い果実2個と、つぼみ1個がついた枝。2個の果実は子房にくびれができていてまだ分離していない。つぼみは小さな下位子房の上に閉じた花被がある。小さな鉤爪を無数に装備したシラホシムグラの実はとてもはがしにくい"ひっつき虫"である。成熟した小堅果の長さは5 mm。

88ページ：**クラメリア・エレクタ**（クラメリア科）*Krameria erecta*, Krameriaceae。米国南部およびメキシコ北部原産。果実。かえしがついた棘に覆われ、動物の毛にひっかかる動物付着散布に適応しているのがわかる。長さ8 mm（棘を含まず）。

89ページ：**ニンジン**（セリ科）*Daucus carota*, Apiaceae。野生のニンジン。原産地はヨーロッパとアジア南西部。果実。先端に小さな鉤爪がついた長い棘で覆われている。動物付着散布に適応した形状である。長さ5.5 mm。

90ページ：**セイヨウヤマゴボウ**（バラ科）… Rosaceae。旧世界原産。果実。鉤爪のついた棘は非常に効果的な散布手段で、動物の毛や人間の服に簡単にひっかかる。長さ7.5 mm。

91ページ：**ケントロロビウム・ミクロカエテ**（マメ科）*Centrolobium microchaete*, Fabaceae。南米原産。果実（翼果）。種子の入ったトゲだらけの部分に翼がついている。棘は種子を食べられないようにするだけでなく動物への付着にも役立ち、風散布と動物付着散布の両方の戦略を可能にする。長さ約20 cm。　　**ケンクルス・スピニフェクス**（イネ科）*Cenchrus spinifex*, Poaceae。アメリカ原産。米国南部から中米ではよく見られるイネ科の草に実る果実。刺さると痛い棘が多数あり、草を食べる家畜にはやっかいな存在。長さ9.5 mm（棘を含む）。　　**トラキメネ・ケラトカルパ**（ウコギ科）*Trachymene ceratocarpa*, Araliaceae。オーストラリア原産。変わった形の小果実。舌のような2枚の翼（風散布を助ける）があり、ほかに2列の棘（動物付着散布への適応）も持っている。長さ4.5 mm。　　**ウマゴヤシ**（マメ科）*Medicago polymorpha*, Fabaceae。ユーラシア、北米原産。ウマゴヤシ属の果実は一般にそうであるが、果実は螺旋形に4〜6回巻かれた形になっている。全体は丸く、鉤爪のある棘を持っているのがわかる。棘は毛や羽毛の生えた動物にくっつく……

（ツノゴマ科）*Proboscidea althaeifolia*, Martyniaceae。ゴールデン・デビルズ・クロー〔金色の悪魔の爪〕と呼ばれる。米国南部、メキシコ原産。果実。緑色で柔らかい鞘がはずれて落ちると、木質の核が現れて中央から2本に裂け、先の尖った2本の曲線状の鉤爪になる。その状態で、果実を踏んだ動物の足に取りついて運んでもらえる日を待ちうける。長さ12 cm。　右下＝**ゴマ科ウンカリナ属の1種** *Uncarina* sp., Pedaliaceae。マダガスカルで採取された果実。おそらく、最もはずしにくい果実。放射状に伸びる長い棘の先の鋭く尖った鉤がいちど食い込んだら、怪我なしで逃れるのは不可能に近い。直径8 cm。　左＝**エメクス・アウストラリス**（タデ科）*Emex australis*, Polygonaceae。アフリカ南部原産。果実。恐ろしい棘は硬くなった萼に由来し、撒菱のような配置で突き出て、動物の皮膚に食い込もうと待ち受けている。これは動物付着散布の中でも残虐な方式のひとつである。長さ8 mm。

93ページ：**ハルパゴフィトゥム・プロクンベンス**（ゴマ科）*Harpagophytum procumbens*, Pedaliaceae。通称デビルズ・クロー。アフリカ南部およびマダガスカル原産。果実。大きくて堅い木質の鉤は、動物の足や毛皮にひっかかるように適応したもの。動物がこれでひどい怪我をすることもある。長さ9 cm。　　**ハマビシ**（ハマビシ科）*Tribulus terrestris*, Zygophyllaceae。旧世界原産。「デビルズ・ソーン〔悪魔の棘〕」の異名を持つ。ハマビシの果実は5個の単一種子小堅果に分かれる。写真はそのうちの1個。中世の鉄菱のような小堅果には大きな棘2本とやや小さめの棘が数本装備されており、つねにいずれかの棘が上を向いて、動物の皮膚や人間の靴に刺さってやろうと待ち構える。長さ6 mm。

94ページ：ヨーロッパと北米の温帯落葉樹林、そしてとりわけオーストラリアと南アフリカの乾燥低木地帯に生育する植物には、アリを誘引するために栄養のある脂質の小塊（エライオソーム）を種子につけるものが数多く見られる。この写真は、北米西部からメキシコ北部の砂漠や草原に生息する収穫アリの1種**セイブシュウカクアリ** *Pogonomyrmex occidentalis* が、**トウダイグサ科クニドスコルス属** *Cnidoscolus* sp.、Euphorbiaceaeの種子を巣に運び込んでいるところ。エライオソームは巣の中ではずされて幼虫の餌になる。

95ページ：右上＝**ペタロスティグマ・プベスケンス**（ピクロデンドロン科）*Petalostigma pubescens*, Picrodendraceae。原産地はマレシア〔現在のマレーシア、インドネシア、フィリピンを中心とした地域〕とオーストラリア。種子。長さ1.2 cm。黄色っぽい付属物（エライオソーム）がアリを引き寄せ、種子をアリの巣に運ばせる。巣の中は種子を食べる動物や野火の心配がない。　右下＝94ページと同じアリと種子。

96ページ：アリを誘引するエライオソームのついた種子は80以上の科に見られ、形も見間違えようのないものからそうでないものまでさまざまなエライオソームを含む。　　**テルソニア・キアティフロラ**（ギロステモン科）*Tersonia cyathiflora*, Gyrostemonaceae。西オーストラリア原産。種子。長さ2.7 mm。　　**アズテキウム・リッテリ**（サボテン科）*Aztekium ritteri*, Cactaceae。メキシコ原産。種子。長さ0.8 mm。　**チャボタイゲキ**（トウダイグサ科）*Euphorbia peplus*, Euphorbiaceae。ユーラシア原産。種子。長さ1.6 mm。　　**アカキア・ウィッタタ**（マメ科）*Acacia vittata*, Fabaceae。オーストラリア南西部原産。種子。長さ3.8 mm。　　**トウダイグサ**（トウダイグサ科）*Euphorbia helioscopia*, Euphorbiaceae。種子。長さ2.3 mm。

97ページ：**トウダイグサ科トウダイグサ属の1種** *Euphorbia* sp., Euphorbiaceae。レバノンで採取された種子。長さ3 mm。　**アメリカヤマブキソウ**（ケシ科）*Stylophorum diphyllum*, Papaveraceae。米国東部原産。種子。長さ2.2 cm。　**チャボタイゲキ**（トウダイグサ科）*Euphorbia peplus*, Euphorbiaceae。ユーラシア原産。種子。長さ1.6 mm。　**ポリガラ・アレナリア**（ヒメハギ科）*Polygala arenaria*, Polygalaceae。熱帯アフリカ原産。種子。長さ2.2 mm。　**ブロスフェルディア・リリプタナ**（サボテン科）*Blossfeldia liliputana*, Cactaceae。アルゼンチン、ボ

98ページ：エビガライチゴ（バラ科）*Rubus phoenicolasius*, Rosaceae。原産地は中国北部、朝鮮半島、日本。果実。直径約1 cm。近縁種のヨーロッパキイチゴ〔ラズベリー〕（*Rubus idaeus*）やセイヨウヤブイチゴ〔ブラックベリー〕（*Rubus fruticosus*）と同様に、食用になる甘い果実をつける。不思議なことに、この植物は茎や葉や萼など果実以外の部分がすべてネバネバした細かい腺毛〔分泌腺のある毛〕で覆われている。

99ページ：オランダイチゴ（バラ科）*Fragaria* × *ananassa*, Rosaceae。栽培種のみが知られている。果実。長さ3 cm。美味しくてビタミン豊富なイチゴは最も人気の高い果実のひとつであり、世界全体での年間生産量は250万トンを超える。

100ページ：甘くて汁気の多い果実の例。　上段（左から右へ）：**タマリロ**（ナス科）*Solanum betaceum*, Solanaceae。直径4 cm。　**キウイ**（マタタビ科）*Actinidia deliciosa*, Actinidiaceae。直径4 cm。　**パパイア**（パパイア科）*Carica papaya*, Caricaceae。長さ12 cm。　中段（左から右へ）：**マスクメロンの1品種"ガリア"**（ウリ科）*Cucumis melo* subsp. *melo* var. *cantalupensis* 'Galia', Cucurbitaceae。直径約16 cm。　**ザボン**（ミカン科）*Citrus maxima*, Rutaceae。ブンタンとも呼ばれる。直径15 cm。　**クダモノトケイソウ**〔通称パッションフルーツ〕（トケイソウ科）Passiflora edulis *forma edulis*, Passifloraceae。直径4 cm。　下段（左から右へ）：**ドラゴンフルーツ**（サボテン科）*Hylocereus undatus*, Cactaceae。長さ約16 cm。　**ザクロ**（ミソハギ科）*Punica granatum*, Lythraceae。直径11 cm。

101ページ：上段（左から右へ）：**マスクメロンの1品種"ガリア"**（ウリ科）*Cucumis melo* subsp. *melo* var. *cantalupensis* 'Galia', Cucurbitaceae。直径約16 cm。　**イチジク**（クワ科）*Ficus carica*, Moraceae。直径4 cm。　**モモ**（バラ科）*Prunus persica* var. *persica*, Rosaceae。直径6 cm。　中段左＝**マンゴー**（ウルシ科）*Mangifera indica*, Anacardiaceae。長さ10 cm。　中段右＝**ナシ**（バラ科）*Pyrus pyrifolia*, Rosaceae。直径8 cm。　下段左＝**レイシ**〔ライチ〕（ムクロジ科）*Litchi chinensis* subsp. *chinensis*, Sapindaceae。長さ3 cm。　下段中央と右＝**ドリアン**（アオイ科）*Durio zibethinus*, Malvaceae。長さ25 cm。

102-103ページ：ヤエヤマヤマボウシ（ミズキ科）*Cornus kousa* subsp. *chinensis*, Cornaceae。中国中部・北部原産。多肉質の可食部分は、鮮やかな赤い色の核果が多数融合してできている。球形に密集した小さな花の集まりが発達してこのようになる。直径約2 cm。右の写真は未熟な果実の顕微鏡写真。個々の花の子房のまわりを毛の生えた萼片が囲んでいる（雄しべはすでに落ちてしまっている）。花柱の長さ1 mm。

[illegible] 原産。果実（核果）。右は果実全体と縦半分に切ったところ。左は果実表面の顕微鏡写真。[illegible] 無数の毛によって生み出される。[illegible] 際の幅は0.7 mm。

106-107ページ：クロミグワ（クワ科）*Morus nigra*, Moraceae。古代から栽培されてきたが、おそらく原産地は中国と思われる。左は果実。長さ約2.5 cm。ブラックベリーやラズベリーによく似ているが、クロミグワの実は雌花の花序全体から作られる。十字に配置された4枚の小さな花被片とその下の花序軸が多肉質になり、子房は小さな単一種子の核果になって、実を食べた時に堅い粒として舌に感じられる。右は果実の顕微鏡写真。個々の小果実と、しぼんだ柱頭の名残りが見える。小果実の幅は5.3 mm。

108ページ：中央－**アカキア・キクロプス**（マメ科）*Acacia cyclops*, Fabaceae。オーストラリア南西部原産。散布のために鳥を呼び寄せる明るいオレンジ色の仮種皮にぐるっと囲まれた種子。この仮種皮は珠柄に由来し、種子の周りを一周した後に折り返して逆向きに戻る2層構造になっている。長さ9 mm（仮種皮を含む）。　右上＝**ナツメグ**〔和名ニクズク〕（ニクズク科）*Myristica fragrans*, Myristicaceae。モルッカ諸島原産。裂開した果実の中に種子（香辛料のナツメグ）が1個入っている。種子は深赤色のレースのような肉質仮種皮（香辛料のメース）にくるまれている。鮮やかな色の対比によって、この大きな種子を丸呑みできるハト科ミカドバト属（*Ducula* spp., Columbidae）や サイチョウ科（Bucerotidae）などの鳥を誘引する。種子の直径約3 cm。

109ページ：アフゼリア・アフリカナ（マメ科）*Afzelia africana*, Fabaceae。熱帯アフリカ原産。開いた果実（鞘）の中に、オレンジ色の食べられる仮種皮をつけた大きな黒い種子が並んでいる。明らかに、散布のために鳥を誘引する適応である。果実の長さ17.5 cm。　**アレクトリオン・エクスケルスス**（ムクロジ科）*Alectryon excelsus*, Sapindaceae。ニュージーランド原産。緑色がかった茶色の地味な果実は不規則な割れ目で裂開し、中から緋色の肉質仮種皮に包まれた黒い種子が現れる。鳥があっという間にこの種子を見つけて食べてしまうことから、鳥類散布に適応したこの植物の戦略の有効性がよくわかる。果実の長さ8〜12 mm。

110ページ：パラルキデンドロン・プルイノスム（マメ科）*Pararchidendron pruinosum*, Fabaceae。マレシア〔現在のマレーシア、インドネシア、フィリピンを中心とした地域〕、ニューギニア、オーストラリア東部原産。実と種子の色は明らかに鳥類散布を示しているが、鳥への報酬になる可食部がない。ある果実が別の果実を真似る"果実の擬態"という概念についてはまだ議論が定まっていないが、少なくとも、若くて経験が乏しい果食の鳥は騙されてこの堅い実を飲み込むと考えられている。果実の長さ8〜12 cm。

111ページ：カルミカエリア・アリゲラ（マメ科）*Carmichaelia aligera*, Fabaceae。ニュージーランド原産。果実。明るい色をした堅い種子を黒い枠の中に"陳列"するやり方は、鳥類散布への適応を強く示唆している。しかしこの果実には鳥への報酬としての可食部分がないことから、擬態の可能性が疑われる。果実の長さ約1 cm。　**トウアズキ**（マメ科）*Abrus precatorius*, Fabaceae。熱帯各地に生育するつる性植物に実る赤黒2色の美しい種子。硬く光沢のあるこの種子は多肉質の果実にそっくりで、鳥類散布に適応している。鮮烈な外見でボタニカルジュエリー（植物を使った宝飾品）の制作者には人気だが、極めて毒性が強い。直径4 mm。

112ページ：フロスコパ・グロメラタ（ツユクサ科）*Floscopa glomerata*, Commelinaceae。アフリカ原産。種子。幅1.5 mm。

113ページ：ヤグルマギク（キク科）*Centaurea cyanus*, Asteraceae。ユーラシア、北アフリカ原産。果実。頂上にある短く硬い冠毛は近縁種であるタンポポの綿毛に相当するものだが、ヤグルマギクの冠毛は鱗のようであり、広がり方も大きさも風散布に役立つようにはできていない。そのかわり、この冠毛は湿度に応じて開いたりすぼまったりすることで果実を押し、地上で数センチ程度移動させる。冠毛の縁に生えている非常に短い"歯"の効果で、果実は逆方向へは動けない。[illegible]

[illegible] ンソウ（コンソリダ）属の風散種子には螺旋状に巻きついたひだがある。**コンソリダ・オリエンタリス**（キンポウゲ科）*Consolida orientalis*, Ranunculaceae。ヨーロッパ南部原産。種子。直径1.8 mm。　**デルフィニウム・ペレグリヌム**（キンポウゲ科）*Delphinium peregrinum*, Ranunculaceae。地中海地域原産。種子。直径1.3 mm。

115ページ：デルフィニウム・レクイエニイ（キンポウゲ科）*Delphinium requienii*, Ranunculaceae。南フランス、コルシカ、サルデーニャ原産。種子。長さ2.6 mm。

116-117ページ：アリオカルプス・レトゥスス（サボテン科）*Ariocarpus retusus*, Cactaceae。メキシコ原産。右ページは種子。長さ1.5 mm。アリオカルプス・レトゥススは岩そっくりにカムフラージュするサボテン。アリオカルプス属に含まれる約8種はサボテン科のなかでも極めて成長が遅く、初めて花が咲くまでに10年かかることもよくある。左ページは種皮の細部を高倍率（×300）で撮影した写真。1個の種皮細胞が1個の凸面の乳頭を形成している。乳頭には複雑なパターンの皺が見える。この皺は種皮を覆っている蠟質のクチクラ層が褶曲した結果である。

118-119ページ：西洋ネギ（リーキ）の野生種**アリウム・アンペロプラスム**（ネギ科）*Allium ampeloprasum*, Alliaceae。ユーラシア、北アフリカ原産。右ページは種子。長さ2.9 mm。平べったい形は風散布への適応を示している。左ページは種皮の拡大［SEM ×500］。

120-121ページ：マンミラリア・ディオイカ（サボテン科）*Mammillaria dioica*, Cactaceae。カリフォルニア、メキシコ原産。右ページは種子。長さ1.1 mm。左ページは種皮の拡大［SEM ×500］。

122-123ページ：ウメバチソウの1種、**パルナッシア・フィンブリアタ**（ウメバチソウ科）*Parnassia fimbriata*, Parnassiaceae。北米原産。左ページは、ゆったりした袋のような種皮を持つ種子。種皮は風散布の風船型種子の典型的特徴であるハニカムパターンを示している。右ページは種皮の拡大［SEM ×900］。

124ページ：ディギタリス・プルプレア（オオバコ科）*Digitalis purpurea*, Plantaginaceae。ヨーロッパ西部と北アフリカ原産。医薬品に使われるジギタリスの種子。長さ1.3 mm。左は種皮の拡大［SEM ×500］。

125ページ：トリコデスマ・アフリカヌム（ムラサキ科）*Trichodesma africanum*, Boraginaceae。北アフリカ、アラビア半島原産。単一種子の小堅果。長さ3.9 mm。下は表面の拡大［SEM ×90］。通りかかった動物にくっつくためのかえしのついた棘がよくわかる。平べったい形によって風散布もしやすい。

126-127ページ：ドリミス・ウィンテリ（シキミモドキ科）*Drimys winteri*, Winteraceae。中南米原産。つぼみを縦半分に切った、それぞれの半分の断面。一番外側の緑色の"皮"のようなものは萼片。その内側の、先が少し折りたたまれているのが花弁（薄い黄緑色）。花弁に包まれているのが花の中心部で、雄しべ（両端）と心皮（中央のピンク色の部分）がある。雄しべの葯の切断面からは花粉嚢の中の花粉がのぞき、中央の心皮の切断面には胚珠が並んでいるのが見える。胚珠が成長して種子になる。直径3.9 mm。

128-129ページ：クロタネソウ（キンポウゲ科）*Nigella damascena*, Ranunculaceae。地中海地域原産。ニゲラとも通称される、青い花の咲く園芸植物の種子の表面には面白いパターンが見られる。右が種子で長さ2.6 mm。左は種皮の拡大［SEM ×180］。

130ページ：オルニトガルム・ドゥビウム（ヒヤシンス科）*Ornithogalum dubium*, Hyacinthaceae。南アフリカ原産。種子。長さ1.1 mm。左は種皮の拡大［SEM ×300］。種皮の細胞同士が互いにジグソーパズルのようにかみあって、複雑な表面パターンを形成している。

131ページ：左＝**クモマキンポウゲ**（キンポウゲ科）*Ranunculus pygmaeus*, Ranunculaceae。ヨーロッパ北部、アルプス東部、カルパチア山脈西部、北米に分布。花と果実をつけた若枝。花の直径は4 mm。　右＝**ココゴメキンポウゲ**（キンポウゲ科）*Ranunculus parviflorus*, Ranunculaceae。[illegible] いくつかの小果実をつける。写真はそのうちの1個の小果実。長さ3 mm。表面に並ぶ鉤爪は動物付着散布への適応を示す。

132ページ：センノウ属の1種、**リクニス・フロス－ククリ**（ナデシコ科）*Lychnis flos-cuculi*, Caryophyllaceae。ユーラシア原産。種子。種皮の乳頭状の細胞が互いにジグソーパズルのようにかみあって、面白いパターンを見せている。細かい波のようなラインで区切られているのが個々の細胞。長さ0.9 mm。

133ページ：エレモゴネ・フランクリニイ（ナデシコ科）*Eremogone franklinii*, Caryophyllaceae。北米原産。種子。ナデシコ科の種子特有の、ジグソーパズルのように複雑な表面パターンがある。直径1.3 mm。

134ページ：ドイツアヤメ〔別名ジャーマンアイリス〕（園芸品種）（アヤメ科）*Iris* cv., Iridaceae。

135ページ：イリス・デコラ（アヤメ科）*Iris decora*, Iridaceae。ヒマラヤ原産。網目状の外壁小板を多数持つ球状花粉粒［SEM ×1000］。

用語解説

*アリ散布 myrmecochory　植物の散布体がアリによって運ばれる散布方式。[Greek: *myrmex* (ant) + *chorein* (to disperse)]

*隠花植物 cryptogams　昔の用語で、見てそれとわかる花をつけない植物すべてをまとめて指す。隠花植物には藻類、菌類（このふたつは実際は植物ではない）、コケ類、シダ類、シダ様植物が含まれていた。ギリシャ語の語源は「隠れて交合するもの」で、有性繁殖の明らかな指標としての花がないことに由来する。[Greek: *kryptos* (hidden) + *gamein* (to marry, to copulate)]

*液果 berry　果皮全体が多肉質である果実。

*エライオソーム elaiosome　文字通りの意味は「油体」で、種子その他の散布体に付いている油脂分の多い可食付属物を指す一般的な生態学用語。通常はアリによる種子散布に関係している。[Greek: *elaion* (oil) + *soma* (body)]

*雄しべ stamen　被子植物で花粉を作る雄性の器官。生殖能力のない花糸の頂上部に生殖能力のある葯がついている。1個の葯は、花粉粒（小胞子）が詰まった花粉嚢（小胞子嚢）を4個持つ。[Latin: *stamen* (thread)]

*科 family　生物分類学の階層のひとつ。主な階層は界・門・綱・目・科・属・種。

*外果皮 epicarp　果皮のうち一番外側の層。たいていの場合、柔らかい皮または革のような皮。[Greek: *epi* (on, upon) + *karpos* (fruit)]

*花冠 corolla　ひとつの花の花弁（花被の花葉の内側輪生体）をまとめて呼ぶときの名称。[Latin: *corolla* (small garland or crown)]

*萼 calyx　ひとつの花の萼片をまとめて呼ぶときの名称。[Greek: *kalyx* (cup)]

*核果 drupe　閉果（裂開しない果実）で、1個またはそれ以上の核を形成し、多肉質の中果皮と堅い内果皮を持つもの。[Latin: *drupa* (overripe olive), from Greek: *dryppa* (olive)]

*萼片 sepal　花被の外側と内側の輪生体（外花被と内花被）が別々の花において、外側の輪生体の1枚1枚を萼片と呼ぶ。一般に地味な緑色をしている。萼片の集まりを萼と総称する。[New Latin: *sepalum*, an invented word, perhaps a blend of Latin: *petalum* and Greek: *skepe* (cover, blanket)]

*花糸 filament　雄しべの茎状の部分。[Latin: *filum* (thread, string)]

*果実 fruit　種子を収めた、自己完結性のある構造物。タネなしに改良された栽培用交配種の実も含む。

*花序 inflorescence　植物の一部分で、花が集団になってついているところ。ひとつの花が単独でつく場合もあり、その場合は花序のように見えない場合もある。

*果序 infructescence　花序を経てできた果実が結実した状態。

*風散布 anemochory　風による果実や種子の散布。[Greek: *anemos* (wind) + *chorein* (to disperse, to wander)]

*風射出散布 anemoballism　風の間接的な影響による種子散布方式。風が直接散布体を運ぶのではなく、果実の方に作用する。たとえば、長くてよくしなる茎の先の果実（たいていは蒴果）が風で揺れて種子を放出するなど。例：ハス科ハス（*Nelumbo nucifera*, Nelumbonaceae）、ケシ科ヒナゲシ（*Papaver rhoeas*, Papaveraceae）。[Greek: *anemos* (wind) + *ballistes*, from *ballein* (to throw)]

*花柱 style　被子植物の心皮の細長く伸びた部分で、子房と柱頭をつなぐ。花粉管は花柱の中を通って子房に到達する。[Greek: *stylos* (column, pillar)]

*花被 perianth　萼（外花被の輪生体）と花冠（内花被の輪生体）が明確に分かれている花において、その両方をまとめて呼ぶ際の総称。[Greek: *peri* (around) + *anthos* (flower)]

*果皮 pericarp　果実になった段階での子房壁。液果のように果皮が均質の場合もあれば、核果のように外果皮、中果皮、内果皮の3層に分かれている場合もある。[New Latin: *pericarpum*, from Greek: *peri* (around) + *karpos* (fruit)]

*花粉 pollen　種子植物の小胞子。被子植物では柱頭、裸子植物では胚珠の花粉室の中で発芽する。発芽して花粉管を出した花粉粒は、非常に単純化された極めて小さな小配偶体である。[Latin: *pollen* (fine flour)]

*花粉塊 pollinium　花粉がたくさん集まってひとつの塊になっているもの。塊のまま運ばれて受粉するための仕組み。

*花粉外被 pollenkitt　主に飽和脂質、不飽和脂質、カロテノイド、タンパク質、カルボキシル化多糖類からなる粘着性の物質。現在までに研究されたすべての被子植物で花粉外被が見つかっているが、コケ植物、シダ植物、裸子植物には存在しないようである。花粉外被の機能は多様で、タンパク質を花粉壁の内側に納めておく、送粉者が現れるまで花粉を葯の中や葯付近に保持しておく、花粉を塊状にまとめて柱頭で「団体で」到達できるようにする、花粉が昆虫の体や鳥のくちばしなどにくっつきやすいようにする、花粉内の細胞質を太陽光線から保護する、細胞質から水分が過度に失われるのを防ぐ、花粉の色を決める、油脂分や香りを出す成分によって送粉者を誘引する、などの役割を果たす。

*花粉管 pollen tube　発芽した花粉から伸びる管状の構造物。ソテツ類とイチョウでは花粉管から花粉室へ運動精子が直接放出され、運動精子は造卵器へと遊泳していく。球果植物と被子植物の場合は花粉管が伸びて、運動能力のない裸の精核を卵細胞まで運ぶ。

*花粉室 pollen chamber　多くの裸子植物において、胚珠の頂上部にある小部屋。ここに花粉が到達して発芽する。

*花粉嚢 pollen sac　被子植物の花粉を作る部分。シダ類の胞子嚢と相同の器官。一般に雄しべ1本に4個の花粉嚢がつく。

*花弁 petal　花被の外側と内側の輪生体（外花被と内花被）が異なる花において、内側の輪生体の1枚1枚を花弁と呼ぶ。俗に言う「花びら」。花弁が集まって全体で鮮やかな色の花冠をなしている場合も多い。[New Latin: *petalum*, from Greek: *petalon* (leaf)]

*仮種皮 aril　種子の可食付属物。仮種皮は種子植物でさまざまな組織から作られる。仮種皮は通常、散布動物への報酬となる。[Latin: *arillus* (grape seed)]

*球果植物 conifer　裸子植物の1グループで、針または鱗のような葉を持ち、錐の形をした部分（例：松かさ）の中に雄・雌それぞれ単性の花をつける。マツ、トウヒ、モミなどが代表的。[Latin: *conus* (cone) + *ferre* (to carry, to bear)]

*グネツム目 Gnetales　裸子植物の異種グループで、3科3属（グネツム属、マオウ属、ウェルウィッチア属）からなり、合計で95種が含まれる。

*堅果 nut　乾燥した閉果（裂開しない果実）で、通常は単一種子であり、果皮が種子に接しているもの。

*顕花植物 anthophyta　被子植物の同義語としてしばしば便利に使われるが、顕花植物 = 一部の裸子植物＋被子植物に似た化石植物＋被子植物（Amborella から近代的なキク科やラン科、イネ科まで）、現存するソテツ、イチョウ、球果植物以外の植物＋グネツム目（Gnetales、マオウ属、グネツム属、ウェルウィッチア属からなる）も含む。[Greek: *anthos* (flower) + *phyton* (plant)]

*蒴果 capsule　厳密には、2つ以上の心皮が合着してできた子房から発達した裂開果で、果皮を開くことで種子を散布する。[Latin: *capsula*, diminutive of *capsa* (box, capsule)]

*散布体 diaspore　植物が種子散布をする際の最小散布単位。種子、複合果または分離果の小果実、果実全体、若い芽（例：マングローブ）が散布体になりうる。[Greek: *diaspora* (dispersion, dissemination)]

*四集粒 tetrad　4個の成熟した花粉あるいは胞子がひとつまとまっているもの。[Greek: *tetra* (four)]

*雌蕊群 gynoecium　花の心皮すべて。心皮が個々別々（離生心皮雌蕊群）のことも、合着している（合生心皮雌蕊群）こともある。[Greek: *gyne* (woman) + *oikos* (house)] ⇒雌しべの項も参照。

*自動散布 autochory　植物自身による果実や種子の散布。[Greek: *autos* (self) + *chorein* (to disperse)]

*子房 ovary　雌しべのうち、胚珠を収めている部分。通常は雌しべの下部にあり肥大している。[New Latin: *ovarium* (a place or device containing eggs), from Latin: *ovum* (egg)]

*集合果 aggregate fruit　⇒複果

*種子 seed　種子植物において、胚と栄養組織を種皮の中に収めて保護した器官。胚珠が発達してできる。種子植物を定義している器官である。

*種子植物 spermatophyta / spermatophyte / seed plant　種子をつける植物。裸子植物と被子植物という2つのグループに大別される。[Greek: *spermatos* (seed) + *phyton* (plant)]

*珠柄 funiculus / funicle　胚珠または種子を子房の胎座とつないでいる柄。珠柄は哺乳動物の臍の緒のような存在で、成長しつつある胚珠と種子に親植物から水分や栄養分を供給する。[Latin: *funiculus* (slender rope)]

*子葉 cotyledon　胚の最初の葉。単子葉植物では1枚、双子葉植物では2枚1対。[Greek: *kotyle* (hollow object; alluding to the often spoon- or bowl-shape of the seed leaves)]

*小果実 fruitlet　1個の果実の中の個別の散布単位。(1) 成熟した分離果の心皮1つあるいはその半分、(2) 成熟した集合果（複果）の心皮1つ、(3) 多花果における成熟した子房1個（単心皮子房も複心皮子房も含む）、のいずれか。

*小堅果 nutlet　堅果の指小形。離生心皮が発達してできた果実や分離果における、堅果に似た個々の小果実をさす。

*心皮 carpel　被子植物の、生殖能力を持つ葉。中に1個またはそれ以上の胚珠を含む。心皮は通常、胚珠を収めた部分（子房）と1本の花柱と1つの柱頭に分けられる。ひとつの花に複数の心皮がある場合、それぞれの心皮が別々か（離生心皮雌蕊群）、ひとつに合着しているか（合生心皮雌蕊群）の2タイプがある。離生心皮の例はキンポウゲ科キンポウゲ属など、合生心皮の例はミカン科オレンジ（実の中の薄皮の小袋1個が心皮1つにあたる）など。[New Latin: *carpellum* (little fruit); originally from Greek: *karpos* (fruit)]

*精核 sperm nucleus　球果植物と被子植物の雄性配偶子で、非常に小さく、運動能力はない。

*世代交代 alternation of generation　動物とは異なり、植物のライフサイクルには体細胞分裂が行われるふたつの世代が含まれる。複相の胞子体世代（両親から1セットずつ受け継いだ2セットの染色体を持つ）と、単相の配偶体世代（複相の半数の染色体しか持たない）である。単相の配偶体は、卵細胞と精細胞を生成する。精細胞によって受精した複相の接合子になり、胞子体へと成長する。成熟した胞子体は単相の胞子（種子植物では花粉と胚嚢細胞に当たる）を作り出し、その胞子が配偶体（種子植物では花粉管と胚嚢に当たる）となり、以下同じことが繰り返される。これを動物に仮説的にあてはめると、精細胞と卵細胞がそれぞれ別々の生物に成長し、それがある時点で配偶子を作って受精を行うようにする、ということである。

*接合子 zygote　受精した（複相の）卵細胞。[Greek: *zygotos* (joined together)]

*前葉体 prothallus　小さな単相（雌性、雄性、両性）の配偶体（監修者註によると、シダ植物のものを指す）。蘚苔、コケ類、シダ、シダ様植物の一部の胞子植物に発達した前葉体が見られる。前葉体は単相の胞子から成長し、造精器または造卵器またはその両方を作る。被子植物では雄性と雌性の配偶体は非常に小型化し（造精器も造卵器も形成しない）、雄性配偶体と雌性配偶体の相同器官としての花粉管と胚嚢を持つ。[Greek: *pro* (before, in front) + *thallos* (shoot)]

*双子葉植物 dicotyledon　被子植物の2大グループの片方で、胚に2枚の対向する葉（子葉）が存在する。双子葉植物のその他の特徴は、葉脈系が網状であること、花の各部分の個数が通常は4か5であること、維管束が環状に配置されていること、幼根から発達した主根系がずっと残ること、二次肥大をすること（ただし二次肥大するのは樹木や潅木であり、一般に草本には二次肥大は見られない）などである。双子葉植物は長い間グループ内が同質だと考えられてきたが、最近の研究で、双子葉植物はさらにモクレン類（magnoliid）と真正双子葉類（eudicot）という2つのグループに分けられている。[Greek: *di* (two) + *cotyledon*]

*造精器 antheridium　雄性配偶体または両性配偶体の雄性生殖器官。雄性の配偶子を作り、中に収めている。造精器が最も発達しているのはコケ類、シダ類、そして広い意味でのシダ様植物である。種子植物に造精器はない。[Latin: small anther; *anther* referring to the pollen-bearing plant of the angiosperms]

用語解説

＊送粉シンドローム pollination syndrome 授粉のために花粉を運ぶ特定の方式（風、水、生物による媒介など）に適応した結果として花が進化させた、一定の特徴のセット。

＊造卵器 archegonium 雌性配偶体または両性配偶体の雌性生殖器官。多細胞器官であり、フラスコ型をしていることが多い。雌性の卵細胞を作り、中に収めている。造卵器が最も発達しているのはコケ類、シダ類、そして広い意味でのシダ様植物で、裸子植物には極めて原始的なものしか見られない。被子植物には真の造卵器は存在しない。[New Latin, from Greek: *arkhegonos* (offspring); from *arkhein* (to begin) + *gonos* (seed, procreation)]

＊ソーラス sorus ⇒ 胞子嚢群

＊胎座 placenta 子房の一部分。ここで胚珠が形成され、胚珠は（通常は胚柄によって）親植物と連結した状態で種子が成熟するまでここにとまる。英語では植物学の胎座と動物や人間の胚がつく組織である胎盤はどちらもplacentaといい、植物学が動物学からこの用語を採用した。[Modern Latin: *placenta* (flat cake), originally from Greek: *plakoenta*, accusative of *plakoeis* (flat), related to *plax* (anything flat)]

＊多花果 compound fruit 複数の花から作られた1個の果実。現代の教科書の大部分はこの説明を集合果／複果（multiple fruit）に対してあてているが、集合果／複果は離生心皮雌蕊群を持つ花から発達する果実に用いるべき用語である。複果の項の説明を参照。

＊多集粒 polyad 花粉粒が成熟しても1個ずつに分かれずにくっついたままで、そのひとまとまりとして運ばれるもの。集まる個数は通常は4の倍数個。[Greek: *poly* (many)]

＊弾道散布 ballistic dispersal 散布体が植物から直接的あるいは間接的に射出される散布方式。たとえば、果実が破裂するように裂開する、風や通りかかった動物による植物の動きで射出が起こる、など。風で射出が起きる場合は風射出散布という。

＊中果皮 mesocarp 3層に分化した果皮のうち真ん中の多肉質層。[Greek: *mesos* (middle) + *karpos* (fruit)]

＊柱頭 stigma 被子植物の雌蕊（雌しべ）において、花粉を受け取ってその発芽を助けるように特殊化した部分。通常、子房の上に花柱が伸び、その先端に柱頭がある。[Greek: *stigma* (spot, scar)]

＊鳥類散布 ornithochory 果実や種子が鳥によって運ばれる散布方式。[Greek: *ornis* (bird) + *chorein* (to disperse)]

＊動物散布 zoochory 動物による種子や果実の散布。[Greek: *zoon* (animal) + *chorein* (to disperse, to wander)]

＊動物被食散布 endozoochory 植物の散布体が動物に食べられ、消化管を通るが有害な種子は胚が傷つかないように保護されているため消化されずに腸を通り抜けて糞と一緒に排泄される。[Greek: *endon* (inside) + *zoion* (animal) + *chorein* (to disperse)]

＊動物付着散布 epizoochory 動物の体表に付着して運ばれる散布方式。散布体は鈎や棘や粘着物質で動物の毛や鳥の羽根、人間の衣服に付着する。[Greek: *epi* (on, upon) + *zoion* (animal) + *chorein* (to disperse)]

＊内果皮 endocarp 果皮の一番内側の層で、核果では種子のまわりの堅い核を形成する。[Greek: *endon* (inside) + *karpos* (fruit)]

＊内胚乳 endosperm 種子の内部の栄養組織。[Greek: *endon* (inside) + *sperma* (seed)]

＊胚 embryo 植物において、受精後に卵細胞が発達してできる若い胞子体。[Latin: *embryo* (unborn foetus, germ), originally from Greek: *embryon*, *en-* (in) + *bryein* (to be full to bursting)]

＊配偶子 gamete 単相の雄性または雌性の生殖細胞。雄性と雌性の配偶子が接合して融合する。胞子の場合とは違い、配偶子は異なる性の配偶子と接合した後に、はじめて新しい個体すなわち新しい世代を生み出すことができる。[Greek: *gametes* (spouse)]

＊配偶体 gametophyte 植物のライフサイクルの中の単相世代であり、配偶子を作る。たとえば、シダの前葉体や、種子植物の発芽した花粉など。[Greek: *gametes* (spouse) + *phyton* (plant)]

＊胚珠 ovule 種子植物における、雌性の生殖器官。胚珠の卵細胞が受精すると、胚珠は種子へと発達する。[New Latin: *ovulum* (small egg)]

＊胚嚢 embryo sac 被子植物の雌性の配偶体。胚珠の中の複相の細胞が減数分裂してできる単相の細胞（大胞子）から発達する。大胞子が3回有糸分裂して雌性の配偶子つまり胚嚢ができる。胚嚢は7個の細胞に8個の核が収まった形で構成される（卵門側の端に卵細胞1個と助細胞2個からなる卵器、合点側の端に反足細胞3個、両者の中間に二核の中央細胞1個）。

＊発芽口 aperture 花粉において、花粉壁にあらかじめ用意されている開口部。ここから花粉管が外へ出る。

＊花の咲く植物 flowering plant 地域によって花の定義が異なるため、それに応じてこの言葉の意味も違っている。ヨーロッパ大陸部では裸子植物と被子植物の両方を含み、アングロアメリカとイギリスでは被子植物のみを指す。厳密な学術的意味においては、flowering plantは顕花植物の定義に従う。

＊被子植物 angiosperm 種子植物の分類における「門」のひとつ。被子植物は、生殖能力のある閉じた葉（心皮）の内部に胚珠と種子を作る。（対照的に、裸子植物では胚珠と種子が生殖能力のある葉の上に"裸で"ついている。）胚の中に存在する子葉の数によって、単子葉植物と双子葉植物に大別される。英語で「花の咲く植物 flowering plant」という場合は一般に被子植物をさすが、裸子植物の一部にも、「花」の定義を満たす構造物のなかに生殖器官を作るものがある。[Greek: *angeion* (vessel, small container) + *sperma* (seed)]

＊複果 multiple fruit 離生心皮が発達してできた果実。個々の心皮は小果実になる。[訳者・監修者注：著者は「集合果（aggregate fruit）」「多花果＝複合果（compound fruit）」などの用語と意味の混同を正すために、離生心皮が発達してできた果実を「複果（multiple fruit）」と呼ぶことを推奨している。ただ、日本では慣例としてmultiple fruitは「集合果」と訳されている。]

＊分離果 schizocarpic fruit 受粉時に心皮の一部または全部が合着しているが、成熟するとそれぞれの心皮ごとに分離する果実。分離したひとつひとつの部分が種子散布単位となる。[New Latin, from Greek: *skhizo-*, from *skhizein* (to split) + *karpos* (fruit)]

＊閉果 indehiscent fruit 成熟しても閉じたままの果実。

＊胞子 spore 無性生殖に関係する細胞。

＊胞子体 sporophyte 語源の意味通りにいえば、「胞子を作る植物」。植物のライフサイクルの中の複相世代であり、無性の単相胞子を作る。この無性単相胞子から単相の配偶体ができる。[Greek: *sporos* (germ, spore) + *phyton* (plant)]

＊胞子嚢 sporangium 胞子を作る器官。中に細胞の集まった中核部があって、その中核部が胞子となる。[Greek: *sporos* (germ, spore) + *angeion* (vessel, container)]

＊胞子嚢群 sorus シダ類の葉状体の裏側にある、胞子嚢の集まり。

＊水散布 hydrochory 植物の散布体が水によって運ばれる散布方式。[Greek: *hydor* (water) + *chorein* (to disperse)]

＊蜜腺 nectary 送粉者を誘引するための花蜜を分泌する腺。通常は花や距（オダマキなどで見られるような、花弁の後部が突出して袋状になった部分）の基部にある。

＊蜜標 nectar guide 花が送粉者を花蜜と花粉のありかへ誘導するための、色のついた線や斑点や模様。人間の目にも見える場合と、紫外線を反射しているので人間には見えない場合の両方がある（ハナバチなどの昆虫は紫外線を見ることができる）。

＊雌しべ pistil 1本またはそれ以上の花柱および柱頭を備えた1個の子房で、1つあるいは以上の心皮から構成される。pistilという語は1700年にフランスの植物学者ジョゼフ・ピットン・ド・トゥルヌフォールによって提唱されたが、現在では定義があいまいなため、ほとんどの場合それに代わってgynoecium（雌蕊群）が使われる。[Latin: *pistillum* (pestle); alluding to the shape]

＊葯 anther 被子植物の雄しべの、花粉をつける部分。葯は2個の半葯（theca）で構成され、半葯はそれぞれ2個の花粉嚢を持つ。花粉嚢はふつう、縦に裂開して、弁を開けるように開くか、孔状の開口部を開くかする。2個の半葯は薬隔（connective）と呼ばれる部分で隔てられており、ここはまた葯と花糸の連結部分でもある。[Medieval Latin: *anthera* (pollen), derived from Greek: *antheros* (flowery), from *anthos* (flower)]

＊翼果 samara 翼のある堅果。[Latin name for the fruit of the elm]

＊裸子植物 gymnosperm 種子植物の非同質的なグループで、胚珠がむき出しの大胞子葉上（または球果植物の種鱗上）に作られる（被子植物では胚珠は閉じた心皮の中に作られるので、その点が異なる）。裸子植物は、互いに類縁の遠い3つの大きなグループからなる。すなわち、球果植物（8科69属630種）、ソテツ類（3科11属292種）、グネツム目（3科3属95種）である。[監修者注：近年の研究からは現生の裸子植物は単一の祖先に由来するとする見解が有力。] [Greek: *gymnos* (naked) + *sperma* (seed)]

＊卵門 micropyle 胚珠の頂上部にある開口部。通常、卵細胞へ向かって伸びる花粉管の入口となる。[Greek: *mikros* (small) + *pyle* (gate)]

＊裂開果 dehiscent fruit 成熟すると開いて種子を外に出す果実。

写真の著作権

p 28 bottom right: © Paula Rudall, Jodrell Laboratory, Royal Botanic Gardens, Kew; p 28 left, top & bottom: © Hannah Banks, Jodrell Laboratory, Royal Botanic Gardens, Kew; p 38, 84: © Merlin Tuttle, Bat Conservation International; p 44 bottom, left & right: © Dr. Klaus Schmitt, Weinheim, http://photographyoftheinvisibleworld.blogspot.com/; p 48: © Paul Garfinkel, River Road Photography, Jacksonville Florida, USA, www.riverroadphoto.net; p 49 top right: © Prof. Dr. Lutz Thilo Wasserthal, Institut für Zoologie, Friedrich-Alexander-Universität, Erlangen, Germany; p 54: © Mark G.; p 56: © Timothy Motley; p 57, 108: © Dr. Gerald Carr; p 58: ZO-847 © Jiri Lochman / Lochman Transparencies; p 109 top right: © Dr. Trevor James, New Zealand.

参考文献

Armstrong, W.P. A non-profit natural history textbook dedicated to little-known facts and trivia about natural history subjects. www.waynes-word.com

Bell, A.D. (1991) *Plant form – an illustrated guide to flowering plant morphology*, Oxford University Press, UK

Fenner, M. & Thompson, K. (2005) *The ecology of seeds*, Cambridge University Press, Cambridge, UK

Gunn, C.R. & Dennis, J.V. (1999) *World guide to tropical drift seeds and fruits* (reprint of the 1976 edition), Krieger Publishing Company, Malabar, Florida, USA

Heywood, V.H., Brummit, R.K., Culham, A. & Seberg, O. (2007) *Flowering Plant Families of the World*, Royal Botanic Gardens, Kew, London, UK.

Janick, J. & Paull, R.E. (eds.) (2008) *The encyclopedia of fruit and nuts*. CABI Publishing, UK

Janzen, D.H. (1984) Dispersal of small seeds by big herbivores: foliage is the fruit. The American Naturalist 123: 338-353

Judd, W.S., Campbell, C., Kellogg, E.A., Stevens, P.F. & M.J. Donoghue (2002) *Plant systematics: a phylogenetic approach*, Sinauer Associates Inc., Sunderland, MA, USA

Kesseler, R. & Harley, M. (2009) *Pollen – The Hidden Sexuality of Flowers*, 3rd edition, Papadakis Publisher, London, UK

Kesseler, R. & Stuppy, W. (2009) *Seeds – Time Capsules of Life*, 2nd edition, Papadakis Publisher, London, UK

Loewer, P. (2005) *Seeds – the definitive guide to growing, history and lore*, Timber Press, Portland, Cambridge, USA

Mabberley, D.J. (2008) *Mabberley's Plant-Book*, 3rd edition, Cambridge University Press, UK

Mauseth, J.D. (2003) *Botany - an introduction to plant biology*, 3rd edition, Jones and Bartlett Publishers Inc., Boston, USA

Pijl, L. van der (1982) *Principles of dispersal in higher plants*, 3rd edition, Springer, Berlin, Heidelberg, New York

Raven, P.H., Evert, R.F. & Eichhorn, S.E. (1999) *Biology of plants*, W.H. Freeman, New York, USA

Ridley, H.N. (1930) *Dispersal of plants throughout the world*, L. Reeve & Co., Ashford, Kent, UK

Spjut, R.W. (1994) A systematic treatment of fruit types, *Memoirs of the New York Botanical Garden* 70: 1-182

Stuppy, W. & Kesseler, R. (2008) *Fruit – Edible, Inedible, Incredible*, Papadakis Publisher, London, UK

Ulbrich, E. (1928) *Biologie der Früchte und Samen (Karpobiologie)*, Springer, Berlin, Heidelberg, New York

図版の索引

植物

植物名	科	学名	ページ
アーモンド	バラ科(Rosaceae)	*Prunus dulcis* (Mill.) D. A. Webb (syn. *Prunus amygdalus* Batsch)	18-19
アカキア・ウィッタタ	マメ科(Fabaceae)	*Acacia vittata* R. S. Cowan & Maslin	64, 96
アカキア・キクロプス	マメ科(Fabaceae)	*Acacia cyclops* A. Cunn. & G. Don	64, 108
アカキア・ラエタ	マメ科(Fabaceae)	*Acacia laeta* Benth	24
アカキア・リケアナの交雑種	マメ科(Fabaceae)	*Acacia riceana* hybrid	27
アカバナルリハコベ	ヤブコウジ科(Myrsinaceae)	*Anagallis arvensis* L.	65
アサザ	ミツガシワ科(Menyanthaceae)	*Nymphoides peltata* (S. G. Gmel.)	79
アズテキウム・リッテリ	サボテン科(Cactaceae)	*Aztekium ritteri* Boed.	96
アフゼリア・アフリカナ	マメ科(Fabaceae)	*Afzelia africana* Sm.	109
アフリカバオバブ	アオイ科(Malvaceae)	*Adansonia digitata* L.	57
アメリカヤマブキソウ	ケシ科(Papaveraceae)	*Stylophorum diphyllum* (Michx.) Nutt.	97
アリオカルプス・レトゥスス	サボテン科(Cactaceae)	*Ariocarpus retusus* Scheidw.	116-117
アルテディア・スクアマタ	セリ科(Apiaceae)	*Artedia squamata* L.	69
アルフィトニア・エクスケルサ	クロウメモドキ科(Rhamnaceae)	*Alphitonia excelsa* (Fenzl) Reissek ex Endl.	39
アレクトリオン・エクスケルスス	ムクロジ科(Sapindaceae)	*Alectryon excelsus* Gaertn.	109
アレチキンギョソウ	オオバコ科(Plantaginaceae)	*Antirrhinum orontium* L.	76, 77
アワユキハコベ	ナデシコ科(Caryophyllaceae)	*Stellaria holostea* L.	33
アングラエクム・セスクィペダレ	ラン科(Orchidaceae)	*Angraecum sesquipedale* Thouars	49
アントケルキス・イリキフォリア	ナス科(Solanaceae)	*Anthocercis ilicifolia* Hook.	49
イチジク	クワ科(Moraceae)	*Ficus carica* L.	101
イチョウ	イチョウ科(Ginkgoaceae)	*Ginkgo biloba* L.	91
イリスソウ	アヤメ科(Iridaceae)	*Iris decora* Wall.	105
インドツリフネソウ	ツリフネソウ科(Balsaminaceae)	*Impatiens glandulifera* Royle	83
インパティエンス・ティンクトリア	ツリフネソウ科(Balsaminaceae)	*Impatiens tinctoria* A. Rich.	50
ウスベニアオイ	アオイ科(Malvaceae)	*Malva sylvestris* L.	45
ウマゴヤシ	マメ科(Fabaceae)	*Medicago polymorpha* L.	91
エウフォルビア・プニケア	トウダイグサ科(Euphorbiaceae)	*Euphorbia punicea* Sw.	10
エビガライチゴ	バラ科(Rosaceae)	*Rubus phoenicolasius* Maxim.	98
エメクス・アウストラリス	タデ科(Polygonaceae)	*Emex australis* Steinh.	92
エリカ・キネレア	ツツジ科(Ericaceae)	*Erica cinerea* L.	71
エリカ・レギア	ツツジ科(Ericaceae)	*Erica regia* Bartl.	55
エレモゴネ・フランクリニイ	ナデシコ科(Caryophyllaceae)	*Eremogone franklinii* (Douglas ex Hooker) R. L. Hartman & Rabeler	133
エンタダ・ギガス	マメ科(Fabaceae)	*Entada gigas* (L.) Fawc. & Rendle	80, 81
オオスズメノカタビラ	イネ科(Poaceae)	*Poa trivialis* L.	36, 37
オフリス・アピフェラ	ラン科(Orchidaceae)	*Ophrys apifera* Huds.	43
オランダイチゴ	バラ科(Rosaceae)	*Fragaria* × *ananassa* (Weston) Decne & Naudin	60, 99
オルトカルプス・ルテウス	ハマウツボ科(Orobanchaceae)	*Orthocarpus luteus* Nutt.	25
オルニトガルム・ドゥビウム	ヒヤシンス科(Hyacinthaceae)	*Ornithogalum dubium* Houtt.	130
オルベア・ルテア	キョウチクトウ科(Apocynaceae)	*Orbea lutea* (N. E. Br.) Bruyns	42
ガザニア・クレブシアナ	キク科(Asteraceae)	*Gazania krebsiana* Less.	35
カスティレヤ・エクセルタ・ラティフォリア	ハマウツボ科(Orobanchaceae)	*Castilleja exserta* (A. Heller) T. I. Chuang & Heckard subsp. *latifolia* (S. Watson) T. I. Chuang & Heckard	71
カスティレヤ・フラワ	ハマウツボ科(Orobanchaceae)	*Castilleja flava* S. Watson	63
カランドリニア・エレマエア	スベリヒユ科(Portulacaceae)	*Calandrinia eremaea* Ewart	8, 9
ガリンソガ・ブラキステファナ	キク科(Asteraceae)	*Galinsoga brachystephana* Regel	66
ガルキニア・アレニコラ	オトギリソウ科(Clusiaceae)	*Garcinia arenicola* (Jum. & H. Perrier) P. Sweeney & Z.S. Rogers	25
カルミカエリア・アリゲラ	マメ科(Fabaceae)	*Carmichaelia aligera* G. Simpson	111
カンシャクヤク[クリスマスローズ]	キンポウゲ科(Ranunculaceae)	*Helleborus orientalis* Lam.	30, 41
キウイフルーツ	マタタビ科(Actinidiaceae)	*Actinidia deliciosa* (A.Chev.) C.F.Liang & A.R.Ferguson	100
キミキフガ・アメリカナ	キンポウゲ科(Ranunculaceae)	*Cimicifuga americana* Micharux	66
キリ	キリ科(Paulowniaceae)	*Paulownia tomentosa* (Thumb.) Steud.	69
クダモノトケイソウ[パッションフルーツ]	トケイソウ科(Passifloraceae)	*Passiflora edulis* Sims forma *edulis*	100
クモマキンポウゲ	キンポウゲ科(Ranunculaceae)	*Ranunculus pygmaeus* Wahlenb.	131
クラッスラ・ペルキダ	ベンケイソウ科(Crassulaceae)	*Crassula pellucida* L.	62
クラメリア・エレクタ	クラメリア科(Krameriaceae)	*Krameria erecta* Willd. ex Schult.	88
クロタネソウ	キンポウゲ科(Ranunculaceae)	*Nigella damascena* L.	128-129
クロミグワ	クワ科(Moraceae)	*Morus nigra* L.	106-107
ケンクルス・スピニフェクス	イネ科(Poaceae)	*Cenchrus spinifex* Cav.	91
ケントロロビウム・ミクロカエテ	マメ科(Fabaceae)	*Centrolobium microchaete* (Mart. Ex Benth.) Lima ex G. P. Lewis	91
コゴメキンポウゲ	キンポウゲ科(Ranunculaceae)	*Ranunculus parviflorus* L.	131
コブミカン	ミカン科(Rutaceae)	*Citrus hystrix* DC.	16, 17
ゴマ科ウンカリナ属の1種	ゴマ科(Pedaliaceae)	*Uncarina* sp.	92
コンソリダ・オリエンタリス	キンポウゲ科(Ranunculaceae)	*Consolida orientalis* (M. Gay ex Des Moul.) Schrödinger (syn. *Delphinium orientale* M. Gay ex Des Moul.)	114
サキシマスオウノキ	アオイ科(Malvaceae)	*Heritiera littoralis* Aiton	79, 80
サクシフラガ・ウンブロサ	ユキノシタ科(Saxifragaceae)	*Saxifraga umbrosa* L.	70
ザクロ	ミソハギ科(Lythraceae)	*Punica granatum* L.	100
ザボン	ミカン科(Rutaceae)	*Citrus maxima* (Burm.) Merr. (syn. *Citrus grandis* (L.) Osbeck)	100
ジギタリス(キツネノテブクロ)	オオバコ科(Plantaginaceae)	*Digitalis purpurea* L.	124
シナミズキ・カルウェスケンス変種	マンサク科(Hamamelidaceae)	*Corylopsis sinensis* Hance var. *calvescens* Rehder & E. H. Wilson	82
シャクナゲ"ナオミ・グロー"（園芸品種）	ツツジ科(Ericaceae)	*Rhododendron* cv. 'Naomi Glow'	40
シラホシムグラ	アカネ科(Rubiaceae)	*Galium aparine* L.	87
シレネ・ディオイカ	ナデシコ科(Caryophyllaceae)	*Silene dioica* (L.) Clairv.	47, 76, 77
シロツブ	マメ科(Fabaceae)	*Caesalpinia bonduc* (L.) Roxb.	80
スカビオサ・クレナタ	マツムシソウ科(Dipsacaceae)	*Scabiosa crenata* Cyr.	69
スタンホペア・ティグリナ	ラン科(Orchidaceae)	*Stanhopea tigrina* Bateman ex Lindl.	71
ステラリア・プンゲンス	ナデシコ科(Caryophyllaceae)	*Stellaria pungens* Brogn.	63
スナバコノキ	トウダイグサ科(Euphorbiaceae)	*Hura crepitans* L.	24
スペルグラリア・メディア	ナデシコ科(Caryophyllaceae)	*Spergularia media* (L.) C. Presl.	66
スペルグラリア・ルピコラ	ナデシコ科(Caryophyllaceae)	*Spergularia rupicola* Lebel ex Le Jolis	70
セイチュウガシ	ブナ科(Fagaceae)	*Cyclobalanopsis sichourensis* Hu	24
セイブクロバナロウバイ	ロウバイ科(Calycanthaceae)	*Calycanthus occidentalis* Hook. & Arn.	53
セイヨウオシダ	オシダ科(Dryopteridaceae)	*Dryopteris filix-mas* (L.) Schott	20, 22
セイヨウキンミズヒキ	バラ科(Rosaceae)	*Agrimonia eupatoria* L.	90
セイヨウトチノキ[マロニエ]	ムクロジ科(Sapindaceae)	*Aesculus hippocastanum* L.	46
セイヨウハシバミ	カバノキ科(Betulaceae)	*Corylus avellana* L.	36, 37
セイヨウハナズオウ	マメ科(Fabaceae)	*Cercis siliquastrum* L.	31
セイヨウヤマハンノキ	カバノキ科(Betulaceae)	*Alnus glutinosa* (L.) Gaertn.	36
ソーセージノキ	ノウゼンカズラ科(Bignoniaceae)	*Kigelia africana* (Lam.) Benth.	56

和名	科名	学名	頁
ダイダイ	ミカン科 (Rutaceae)	*Citrus aurantium* L.	16
タキユリ	ユリ科 (Liliaceae)	*Lilium speciosum* Thunb. var. *clivorum* Abe & Tamura	26
タマリロ	ナス科 (Solanaceae)	*Solanum betaceum* Cav. (syn. *Cyphomandra betacea* (Cav.) Sendtn.)	100
チャボタイゲキ	トウダイグサ科 (Euphorbiaceae)	*Euphorbia peplus* L.	96, 97
ツルアミシダ	ヒメシダ科 (Thelypteridaceae)	*Ampelopteris prolifera* (Retz.) Copel.	23
ディニジア・エクスケルサ	マメ科 (Fabaceae)	*Dinizia excelsa* Ducke	28
デザートピー	マメ科 (Fabaceae)	*Swainsona formosa* J. Thomps.	13
テマリカタヒバ	イワヒバ科 (Selaginellaceae)	*Selaginella lepidophylla* (Hook. & Grev.) Spring	23
テルソニア・キアティフロラ	ギロステモン科 (Gyrostemonaceae)	*Tersonia cyathiflora* (Fenzl) A. S. George ex J. W. Green	96
デルフィニウム・ペレグリヌム	キンポウゲ科 (Ranunculaceae)	*Delphinium peregrinum* L.	6, 114
デルフィニウム・レクイエニイ	キンポウゲ科 (Ranunculaceae)	*Delphinium requienii* DC.	115
テロペア・スペキオシッシマ	ヤマモガシ科 (Proteaceae)	*Telopea speciosissima* (Sm.) R. Br.	55
ドイツアヤメ [ジャーマンアイリス]	アヤメ科 (Iridaceae)	*Iris* cv.	134
トウアズキ	マメ科 (Fabaceae)	*Abrus precatorius* L.	111
トウダイグサ	トウダイグサ科 (Euphorbiaceae)	*Euphorbia helioscopia* L.	96
トウダイグサ科トウダイグサ属の1種	トウダイグサ科 (Euphorbiaceae)	*Euphorbia* L. sp. LEB 390	97
トウダイグサ科クニドスコルス属の1種	トウダイグサ科 (Euphorbiaceae)	*Cnidoscolus* sp.	94, 95
トゲアオイモドキ	アオイ科 (Malvaceae)	*Abroma augusta* (L.) L.f.	52
トラキメネ・ケラトカルパ	ウコギ科 (Araliaceae)	*Trachymene ceratocarpa* (W. Fitzg.) Keighery & Rye	91
ドラゴンフルーツ	サボテン科 (Cactaceae)	*Hylocereus undatus* (Haw.) Britton & Rose	100
ドリアン	アオイ科 (Malvaceae)	*Durio zibethinus* Murray	101
トリコデスマ・アフリカヌム	ムラサキ科 (Boraginaceae)	*Trichodesma africanum* (L.) Lehm.	125
ドリミス・ウィンテリ	シキミモドキ科 (Winteraceae)	*Drimys winteri* J. R. Forst. & G. Forst.	28, 126-127
トルコギキョウ	リンドウ科 (Gentianaceae)	*Eustoma grandiflorum* (Raf.) Shinners	29
トルミエア・メンジエシイ	ユキノシタ科 (Saxifragaceae)	*Tolmiea menziesii* (Hook.) Torr. & A. Gray	70
ドロセラ・カピラリス	モウセンゴケ科 (Droseraceae)	*Drosera capillaris* Poir.	70
ドロセラ・キスティフロラ	モウセンゴケ科 (Droseraceae)	*Drosera cistiflora* L.	70
ドロセラ・ナタレンシス	モウセンゴケ科 (Droseraceae)	*Drosera natalensis* Diels	62
ナガミキンカン	ミカン科 (Rutaceae)	*Citrus margarita* Lour. (syn. *Fortunella margarita* (Lour.) Swingle	61
パウォーア・スピニフェクス	アオイ科 (Malvaceae)	*Pavonia spinifex* (L.) Cav.	20
ハスノミカズラ	マメ科 (Fabaceae)	*Caesalpinia major* (Medik.) Dandy & Exell	81
ハッケリア・デフレクサ・アメリカナ	ムラサキ科 (Boraginaceae)	*Hackelia deflexa* (Opiz) var. *americana* (A. Gray) Fernald & I.M. Johnst.	86
バッコヤナギ	ヤナギ科 (Salicaceae)	*Salix caprea* L.	14
パパイア	パパイア科 (Caricaceae)	*Carica papaya* L.	100
ハマウツボ属の1種	ハマウツボ科 (Orobanchaceae)	*Orobanche* sp.	71
ハマビシ	ハマビシ科 (Zygophyllaceae)	*Tribulus terrestris* L.	93
ハマベマンテマ	ナデシコ科 (Caryophyllaceae)	*Silene maritima* With.	62
パラルキデンドロン・プルイノスム	マメ科 (Fabaceae)	*Pararchidendron pruinosum* (Benth.) I. C. Nielsen	110
パルナッシア・フィンブリアタ	ウメバチソウ科 (Parnassiaceae)	*Parnassia fimbriata* K. D. Koenig var. *fimbriata*	122-123
ハルパゴフィツム・プロクンベンス	ゴマ科 (Pedaliaceae)	*Harpagophytum procumbens* DC. Ex Meisn.	93
ヒッポクレピス・ウニシリクオサ	マメ科 (Fabaceae)	*Hippocrepis unisiliquosa* L.	12
ヒナゲシ	ケシ科 (Papaveraceae)	*Papaver rhoeas* L.	21, 77
ヒメノディクティオン・フロリブンドゥム	アカネ科 (Rubiaceae)	*Hymenodictyon floribundum* (Hochst. & Steud.) B. L. Rob.	67
ヒレハリソウ	ムラサキ科 (Boraginaceae)	*Symphytum officinale* L.	28
フィクス・ウィロサ	クワ科 (Moraceae)	*Ficus villosa* Blume	85
フエルニア・ヒスロピイ	キョウチクトウ科 (Apocynaceae)	*Huernia hislopii* Turrill	53
フタゴヤシ	ヤシ科 (Arecaceae)	*Lodoicea maldivica* Pers.	82
フヨウ	アオイ科 (Malvaceae)	*Hibiscus mutabilis* L.	7
フルーツセージ	シソ科 (Lamiaceae)	*Salvia dorisiana* Standl.	32
ブルボスティリス・ヒスピドゥラ・ピリフォルミス亜種	カヤツリグサ科 (Cyperaceae)	*Bulbostylis hispidula* (Vahl) R. W. Haines subsp. *pyriformis* (Lye) R. W. Haines	13
フロスコパ・グロメラタ	ツユクサ科 (Commelinaceae)	*Floscopa glomerata* (Willd. Ex Schult. & Schult. F.) Hassk.	112
ブロスフェルディア・リリプタナ	サボテン科 (Cactaceae)	*Blossfeldia liliputana* Werderm.	70, 97
プロボスキデア・アルテイフォリア	ツノゴマ科 (Martyniaceae)	*Proboscidea altheifolia* (Benth.) Decne.	92
ペタロスティグマ・プベスケンス	ピクロデンドロン科 (Picrodendraceae)	*Petalostigma pubescens* Domin	95
ヘビウリ	ウリ科 (Cucurbitaceae)	*Trichosanthes cucumerina* L.	51
ヘミジギア・トランスヴァーレンシス	シソ科 (Lamiaceae)	*Hemizygia transvaalensis* Ashby	32
ペルソオニア・モリス	ヤマモガシ科 (Proteaceae)	*Persoonia mollis* R. Br.	32
ポリガラ・アレナリア	ヒメハギ科 (Polygalaceae)	*Polygala arenaria* Oliv.	97
マスクメロンの1品種 "ガリア"	ウリ科 (Cucurbitaceae)	*Cucumis melo* subsp. *melo* var. *cantalupensis* Naudin 'Galia'	100, 101
マメ科ジオクレア属の1亜種	マメ科 (Fabaceae)	*Dioclea* Kunth spp.	80
マメ科トビカズラ属	マメ科 (Fabaceae)	*Mucuna* spp.	80
マメ科ハカマカズラ属の1種	マメ科 (Fabaceae)	*Bauhinia* sp.	28
マルケア・ネウランタ	ナス科 (Solanaceae)	*Markea neurantha* Hemsl.	38
マルメロ	バラ科 (Rosaceae)	*Cydonia oblonga* Mill.	30
マンゴー	ウルシ科 (Anacardiaceae)	*Mangifera indica* L.	101
マンテマ	ナデシコ科 (Caryophyllaceae)	*Silene gallica* L.	62
マンナトネリコ	モクセイ科 (Oleaceae)	*Fraxinus ornus* L.	21
マンミラリア・ディオイカ	サボテン科 (Cactaceae)	*Mammillaria dioica* K. Brandegee	120-121
ミズノボタン	ノボタン科 (Melastomataceae)	*Osbeckia crinita* Benth.	20
ミフクラギ	キョウチクトウ科 (Apocynaceae)	*Cerbera manghas* L.	78
ミヤマキンポウゲ	キンポウゲ科 (Ranunculaceae)	*Ranunculus acris* L.	21
ムギセンノウ	ナデシコ科 (Caryophyllaceae)	*Agrostemma githago* L.	33
ムクナ・ウレンス	マメ科 (Fabaceae)	*Mucuna urens* (L.) Medik.	80, 81
メレミア・ディスコイデスペルマ	ヒルガオ科 (Convolvulaceae)	*Merremia discoidesperma* (Donn. Sm.) O'Donnell	80
メロカクトゥス・ゼーントネリ	サボテン科 (Cactaceae)	*Melocactus zehntneri* (Britton & Rose) Luetzelb	25
ヤグルマギク	キク科 (Asteraceae)	*Centaurea cyanus* L.	44, 113
ヤナギラン	アカバナ科 (Onagraceae)	*Epilobium angustifolium* L.	68
ヤマゴボウ	ヤマゴボウ科 (Phytolaccaceae)	*Phytolacca acinosa* Roxb.	43
ヨウシュメハジキ	シソ科 (Lamiaceae)	*Leonurus cardiaca* L.	30
ラジアータパイン	マツ科 (Pinaceae)	*Pinus radiata* D. Don	37
ラモウロウクシア・ウィスコサ	ハマウツボ科 (Orobanchaceae)	*Lamourouxia viscosa* Kunth	74
ランタナ	クマツヅラ科 (Verbenaceae)	*Lantana camara* L.	48
リクニス・フロス−ククリ	ナデシコ科 (Caryophyllaceae)	*Lychnis flos-cuculi* L.	132
ルドベキア・ヒルタ "プレーリー・サン"	キク科 (Asteraceae)	*Rudbeckia hirta* 'Prairie Sun'	44
レイシ [ライチ]	ムクロジ科 (Sapindaceae)	*Litchi chinensis* Sonn. subsp. *chinensis*	101
レウコクリスム・モレ	キク科 (Asteraceae)	*Leucochrysum molle* (DC.) Paul G. Wilson	72-73
ロアサ・キレンシス	シレンゲ科 (Loasaceae)	*Loasa chilensis* (Gay) Urb. & Gilg	74, 75
ワイルドリーキ	ネギ科 (Alliaceae)	*Allium ampeloprasum* L.	118-119

動物			
動物名	科	学名	ページ
ガンビアケンショウコウモリ	オオコウモリ科(Pteropodidae)	*Epomophorus gambianus*	84
キサントパンスズメガ	スズメガ科(Sphingidae)	*Xanthopan morganii praedicta* Rothschild & Jordan	49
キバナナガハナガクロウモリ	ヘラコウモリ科(Phyllostomidae)	*Glossophaga commissarisi* Gardner	38
ヤイシュウカタアリ	アリ科(Formicidae)	*Pogonomyrmex occidentalis*	94, 95
セイヨウオオマルハナバチ	ミツバチ科(Apidae)	*Bombus terrestris* L.	45
セイヨウミツバチ	ミツバチ科(Apidae)	*Apis mellifera* L.	44
チャノドコバシタイヨウチョウ	タイヨウチョウ科(Nectariniidae)	*Anthreptes malacensis*	54
フクロミツスイ	フクロミツスイ科(Tarsipedidae)	*Tarsipes rostratus* Gervais & Verreaux	58

謝辞

本書の素材となった豊かな植物種、知識、アイディアに関して、多くの方々が直接的・間接的に貢献して下さいました。何十年にもわたる地道で精緻な観察や執筆・出版を通じて植物に関する魅力的な事実の数々を明らかにしてきた多くの研究者の方々、また本書で紹介した果実を発見し、収集し、栽培してきた方々全員のお名前を記すことは不可能ですが、代表として以下の友人や同僚に特に謝意を表します。

出版者の故Andreas Papadakisは既刊3冊を作る間ずっと私たちを支え、自由とインスピレーションを与えてくれました。彼の娘Alexandra Papadakisは優れた創造的ビジョンを駆使して、写真と文章が融合し視覚に強く訴えるデザインを生み出してくれました。

キュー王立植物園が私たちに得がたい機会を与え、本書の制作を可能にしてくれたことは感謝にたえません。特に現園長Stephen Hopperと前園長Peter Crane、種子保存部門(SCD)の長であるPaul Smith、SCDのJohn Dickieにはシュトゥッピーの仕事を支持し続けて下さったことに心からお礼申し上げます。本書はSCDのすべてのスタッフに多くを負っています。また、本書で多くの珍しい画像を紹介することができたのは、世界各地に存在するミレニアム・シード・バンク・プロジェクト(MSBP)協力機関が種子と果実のすばらしいコレクションを作り上げてくれたおかげです。MSBPは英国の千年紀委員会とウェルカム・トラストの資金援助で運営されています。キュー王立植物園は英国環境・食糧・農村地域省から年間補助金を受けています。

ロンドン芸術大学セントラル・セント・マーチンズ・カレッジ・オブ・アート・アンド・デザインは、1999年にこのプロジェクトの構想が生まれた当初から、ケスラーを継続的に支援するという重要な役割を果たしてきました。特にJohn Rapley, OBE(学長)、Jonathan Barratt(グラフィックおよび工業デザイン科長)、Kathryn Hearn(陶磁器デザイン科長)、そしてこの仕事を好意的に評価してくれた多くの同僚に謝意を表します。英国国立科学・技術・芸術基金(NESTA)はAlex Barclayの熱意あふれる指揮のもとでケスラーのフェローシップに時宜を得た支援を与え、1冊目(『世界で一番美しい花粉図鑑』)の出版を可能にしてくれました。

エディンバラ植物園のStephen Blackmoreは『世界で一番美しい花粉図鑑』の初期原稿を読んで意見を述べ、Richard BatemanとPaula RudallとRichard Spjutは『世界で一番美しい種子図鑑』と『世界で一番美しい果実図鑑』の原稿をすべて読んで批評してくれました。

キューでは、植物標本部門マメ課とヤシ課の人々が私たちに知識を分け与えるとともにコレクションの利用を認めてくれたこと、ジョドレル研究所の微細形態学部門長Paula Rundallが走査電子顕微鏡と付属機器の使用を許可してくれたことに対して、特段の感謝を表明します。また、Chrissie PrychidとHannah Banksの技術的支援はとてもありがたいものでした。SCDキュレーション課のメンバーにもお世話になりました。

キューの数多くの同僚・元同僚たちは、私たちが難しい問題の答えを求めた時に専門知識を惜しみなく披歴し、写真を含めて貴重な資料を提供してくれました。特に以下の方々にお礼を申し上げます。John Adams(SCD)、Steve Alton(SCD)、Bill Baker(植物標本部門)、Mike Bennett(元ジョドレル研究所)、David Cooke(園芸・教育普及部門[HPE])、Tom Cope(植物標本部門)、Sir Peter Crane(前園長、現イェール大学森林・環境研究学部長)、Matthew Daws(前SCD、現Rio Tinto)、John Dickie(SCD)、John Dransfield(植物標本部門)、Laura Giuffrida(HPE)、Anne Griffin(図書館)、Phil Griffiths(HPE)、Tony Hall(前HPE、現キュー研究員)、Chris Haysom(HPE)、Steve Hopper(園長)、Kathy King(HPE)、Tony Kirkham(HPE)、Ilse Kranner(SCD)、Gwilym Lewis(植物標本部門)、Mike Marsh(HPE)、Mark Nesbitt(経済植物学センター)、Simon Owens(前植物標本部門)、Grace Prendergast(微細繁殖)、Hugh Pritchard(SCD)、Chrissie Prychid(ジョドレル研究所)、Brian Schrire(植物標本部門)、Wesley Shaw(HPE)、Nigel Taylor(HPE)、Janet Terry(SCD)、Elly Vaes(SCD)、James Wood(現タスマニア王立植物園)、Suzy Wood(SCD)、Daniela Zappi(植物標本部門)。

オーストラリアのSarah Ashmore、Phillip Boyle、Andrew Crawford、Richard Johnstone、Andrew Orme、Andrew Pritchard、Tony Tyson-Donnelly、メキシコのIsmael CalzadaとUlises Gusmán、米国テキサスのMichael EasonとPatricia Manningにも謝意を表します。また、時間を割いてわれわれを歓迎し、コレクションの写真撮影を許してくれた下記施設の方々のご厚情に心から感謝します。南アフリカのErnst van JaarsveldとAnthony Hitchcock(カーステンボッシュ国立植物園)、オーストラリアのキャンベラ国立植物園、ジーロング植物園、ブリスベーンのマウント・クーサ植物園、メルボルン王立植物園、シドニー王立植物園、ニューサウスウェールズのマウント・アナン植物園。ニュージーランドでは、友人にして同僚であるTrevor Jamesがシュトゥッピーを歓待し、本書に載せるアレクトリオン・エクスケルスス(*Alectryon excelsus*)の写真撮影に同行してくれました。

Papadakis出版社でテキスト編集を手掛けたSheila de ValléeとSarah Roberts、本書制作に力を貸してくれたNaomi Doergeにもお礼を申し上げます。